探索学科科学奥秘丛书

有趣的生物

本书编写组◎编

TANSUO
XUEKE KEXUE
AOMI CONGSHU

世界图书出版公司
广州·北京·上海·西安

图书在版编目（CIP）数据

有趣的生物/《探索学科科学奥秘丛书》编委会编．
广州：广东世界图书出版公司，2009.9（2024.2 重印）
（探索学科科学奥秘丛书）
ISBN 978－7－5100－0703－3

Ⅰ. 有… Ⅱ. 探… Ⅲ. 生物学—青少年读物　Ⅳ. Q－49

中国版本图书馆 CIP 数据核字（2009）第 146615 号

书　　名	有趣的生物	
	YOUQU DE SHENGWU	
编　　者	《有趣的生物》编委会	
责任编辑	柯绵丽	
装帧设计	三棵树设计工作组	
出版发行	世界图书出版有限公司　世界图书出版广东有限公司	
地　　址	广州市海珠区新港西路大江冲 25 号	
邮　　编	510300	
电　　话	020-84452179	
网　　址	http://www.gdst.com.cn	
邮　　箱	wpc_gdst@163.com	
经　　销	新华书店	
印　　刷	唐山富达印务有限公司	
开　　本	787mm×1092mm　1/16	
印　　张	10	
字　　数	120 千字	
版　　次	2009 年 9 月第 1 版　2024 年 2 月第 11 次印刷	
国际书号	ISBN　978-7-5100-0703-3	
定　　价	48.00 元	

前 言

PREFACE

　　自然界是由有生命的物体和无生命的物质组成的。有生命的物体叫做生物，新陈代谢是生物与非生物最本质的区别。地球上的生物五花八门，千姿百态，数以亿万计的生物大致可以划分为动物、植物和微生物三类。生物的一般分类层次是：域、界、门、纲、目、科、属、种。域是生物分类法中最高的类别，种是最小的生物单位。正是形形色色的生物构成了世界的丰富多彩和生机盎然。

　　生物具有很高的价值，它不仅可以为工业提供原料，如胶、油脂、芳香油、纤维等，还可以为人类提供各种特殊的基因，如耐寒抗病基因，使培育动植物新品种成为可能。许多野生动植物还是珍贵的药材，为治疗疑难病症提供了可能。

　　随着环境的污染与破坏，比如森林砍伐、植被破坏、滥捕乱猎等，目前世界上的生物物种正在以每天几十种的速度消失。这是地球资源的巨大损失，因为物种一旦消失，就永不再生。消失的物种不仅会使人类失去一种自然资源，还会通过食物链引起其他物种的消失。

　　因此，维护生物多样性的存在，使其呈现千姿百态的状态，对进化和保护生物圈的生命维持系统具有不可替代的作用。20 世纪 80 年代以后，人们在开展自然保护的实践中逐渐认识到，自然界中各个物种之间、生物与周围环境之间都存在着十分密切的联系，因此自然保护仅仅着眼于对物种本身进行保护是远远不够的，往往也是难于取得理想的效果的。要拯救珍稀濒危物种，不仅要对所涉及的物种的野生种群进行重点保护，而且还要保护好它们的栖息地。或者说，需要对物种所在的整个生态系统进行有效的保护。

　　总之，千姿百态的生物及其形成的生态平衡，不仅维护了自然界的持续发展，而且是人类赖以生存和发展的基础。所以我们应当尊重各种生物，用其有利的一面，避其有害的一面，保持住生态平衡，为我们的生存创造一个美好和谐的家园。

目录

千奇百怪的陆生动物

猴子会用尿洗手脚 ………………………………… 2

猫咪不识甜滋味 …………………………………… 2

狗能读懂人的表情 ………………………………… 4

吸血蝙蝠的超强奔跑能力 ………………………… 5

河马的"母系社会" ……………………………… 7

响尾蛇的"热眼" ………………………………… 8

塞氏鼠的来历 …………………………………… 10

老鼠能分辨人类语言 …………………………… 11

针鼹有绝招 ……………………………………… 12

不喝水的岩大袋鼠 ……………………………… 13

瞳孔是矩形的山羊 ……………………………… 13

刺猬的武器 ……………………………………… 14

富有牺牲精神的斑马 …………………………… 15

象坟的秘密 ……………………………………… 16

狮子的"持久战" ………………………………… 17

浣熊"爱干净"之谜 ……………………………… 18

巨蟒"保姆" ……………………………………… 19

世界屋脊独有的藏羚羊 ………………………… 20

刀枪不入的穿山甲 ……………………………… 21

自然界的"清洁工" ·································· 24

能预报天气的昆虫 ·································· 25

沙漠蚂蚁不迷路的奥秘 ···························· 26

蜜蜂御敌有奇术 ···································· 28

昆虫寻花有秘诀 ···································· 29

昆虫的"电话" ······································ 30

昆虫的耳朵生得怪 ·································· 31

突眼蝇的怪眼 ······································ 32

萤火虫趣闻 ·· 33

能喷出高温毒液的甲虫 ···························· 34

不般配的"夫妻" ···································· 35

旱地钓"鱼"戏虎甲 ·································· 36

姬蜂养家有妙招 ···································· 37

悦耳的蟋蟀声 ······································ 38

埋葬虫埋尸之谜 ···································· 39

有趣的叩头虫 ······································ 40

威武的独角仙 ······································ 41

形形色色的水中动物

乐于救人的海豚 ···································· 44

令人费解的鲸集体"自杀" ···························· 47

鲸类王国里的"方言" ································ 48

鱼类缺觉也会补 ···································· 50

蚊子一般的胖婴鱼 ·································· 51

海洋动物迁徙之谜 ·································· 52

能离开水生活的鱼 ·································· 53

抗冻的鳕鱼 ·· 55

形影不离的鲨夫妻 ·································· 55

"夏眠"的海参 ······································ 56

海陆空任我游的豹鲂鮄 ……………………………… 57

"打洞专家"威德尔海豹 ……………………………… 58

"鱼身混叶"的叶形鱼 ………………………………… 59

"共生的"小丑鱼与大海葵 …………………………… 59

两足直立行走的章鱼 ………………………………… 60

会放电的鱼 …………………………………………… 61

"美人鱼"儒艮 ………………………………………… 62

慈爱的父亲——狮子鱼 ……………………………… 63

毒你没商量——危险的海洋动物 …………………… 64

"海底刺客"海胆 ……………………………………… 66

灵巧活泼的鸟类

"一妻多夫"的红颈瓣蹼鹬 …………………………… 69

鸽子不迷路之谜 ……………………………………… 70

天生舞蹈家丹顶鹤 …………………………………… 71

飞不起来的鸵鸟 ……………………………………… 74

雌杜鹃借巢生蛋 ……………………………………… 75

巧夺天工的是建筑师 ………………………………… 76

看重"礼物"的北极燕鸥 ……………………………… 78

孵蛋的企鹅爸爸 ……………………………………… 79

寒冬孵卵的交嘴雀 …………………………………… 81

捕鼠能手仓鸮 ………………………………………… 82

倒着飞的蜂鸟 ………………………………………… 83

鸟类的"造卵机器" …………………………………… 84

鸟类的通讯信号 ……………………………………… 85

五彩缤纷的巨嘴鸟 …………………………………… 87

不同居的织布鸟夫妇 ………………………………… 87

善捕蛇的秘书鸟 ……………………………………… 88

聪明的鹦鹉 …………………………………………… 89

喜欢"暴尸示众"的伯劳 …………………………………………… 90

无奇不有的植物

以动物为食的植物 ……………………………………………… 93

植物也会设置陷阱 ……………………………………………… 95

植物欣赏音乐长得好 …………………………………………… 97

仙人掌抗旱之谜 ………………………………………………… 98

羞答答的含羞草 ………………………………………………… 99

舞姿翩翩的草 …………………………………………………… 101

能指向的草 ……………………………………………………… 102

竹子开花为哪般 ………………………………………………… 103

巧施"美人计"的角蜂眉兰 ……………………………………… 104

穴居地下的隐士 ………………………………………………… 105

帮人找矿的草 …………………………………………………… 105

"海水开花"之谜 ………………………………………………… 107

令人畏惧的日轮花 ……………………………………………… 108

陆地上最长的植物——白藤 …………………………………… 109

修"水牢"囚敌的盔兰 …………………………………………… 110

葵花为何向太阳 ………………………………………………… 111

庞然大物旅人蕉 ………………………………………………… 112

树木如何安然过冬 ……………………………………………… 113

增长奇快的竹与树 ……………………………………………… 114

能用来炒菜的木盐树 …………………………………………… 115

刀枪不入的神木 ………………………………………………… 116

小红"灯笼"树上挂 ……………………………………………… 117

有趣的光棍树 …………………………………………………… 118

神奇的"魔床树" ………………………………………………… 119

不可小觑的微生物

能存活 10 万年的细菌 …………………………………………… 121

"嗜睡症"的元凶 …………………………… 122

引发疟疾的孢子虫 ………………………… 123

动植物的合体鞭毛虫 ……………………… 124

草履虫的多种生殖方式 …………………… 126

锌污染的克星 ……………………………… 127

能作燃料的粉红粘帚菌 …………………… 128

食汞的假单孢杆菌 ………………………… 129

嗜铁锈微生物 ……………………………… 130

妙不可言的人体

留在身上的海洋印记 ……………………… 133

能发生自燃的人 …………………………… 133

没有痛感的人 ……………………………… 135

揭开人体冷光的奥秘 ……………………… 136

大脑是如何分工协作的 …………………… 137

神秘的第六感 ……………………………… 139

人们常做的 12 种梦 ……………………… 140

皮肤是细菌的"家" ……………………… 142

具有 17 重人格的姑娘 …………………… 143

会梦游的人 ………………………………… 144

不可思议的奇异人种 ……………………… 146

人体数字知多少 …………………………… 148

能调节血压的屁 …………………………… 149

千奇百怪的陆生动物

QIANQIBAIGUAI DE LUSHENG DONGWU

　　陆生动物几乎都是呼吸空气的动物，在地下动物中，有些是靠呼吸孔隙水中的溶解氧而生存的微小动物，也属于陆生动物。为了适应陆地生活，而呼吸空气、防止体内水分蒸发、维护身体的支撑和运动、保护卵和幼体以及氮素代谢的最终产物不是以氨态氮而是以尿素和尿酸态氮排出等等有关的结构都很发达。

　　陆地气候相对干燥；与此相适应，陆地生活的动物一般都有防止水分散失的结构。比如爬行动物具有角质的鳞或甲；昆虫具有外骨骼。陆地上的动物不受水的浮力作用，一般都具有支持躯体的运动的器官，用于爬行、行走、跳跃、奔跑、攀援等多种运动方式，以便觅食和避敌。陆地生活的动物一般都具有能在空气中呼吸的、位于身体内部的各种呼吸器官，比如气管和肺。陆地生活的动物还普遍具有发达的感觉器官和神经系统，能够对多变的环境及时做出反应。

　　特别值得一提的是，昆虫是地球上最繁盛的动物类群，这与其个体生存优势有关。昆虫是无脊椎动物中唯一有翅的一类，飞翔能力的获得，使其在觅食、求偶、避敌、扩散等方面带来了极大的好处；适应性超强，无论对温度、饥饿、干旱、药剂等，昆虫均有很强的适应力，并且昆虫生活周期较短，比较容易把对种群有益的突变保存下来。

猴子会用尿洗手脚

这听起来可能很奇怪，但现在研究者知道为什么猴子要用尿洗自己的手脚了。自从猴子的这一举动被观察后，便产生了很多种解释这一现象的说法。有人认为这样做可以帮助猴子改进它们攀爬时候手脚的握紧力，有人则认为这只是猴子用来清洗的一种方式。一种得到广泛认同的说法是，当猴子的体温升高时，它们用尿来使自己的体温降下来。但是，新的研究认为，猴子的这一奇怪的举动只是它们社交的一种方式。

美国马里兰州的国立卫生研究院动物中心灵长类动物学家金蓝·米勒和她的同事们，在一个封闭的环境中观察了猴子10个月的时间，发现猴子用尿洗手脚的行为跟它们寻求异性的注意有关。

当雄性的猴子被雌性猴子所关注时，雄性猴子用尿洗手脚的行为的频率会增加。研究者认为，这可能是在一开始的时候雄性鼓励雌性继续对其关注的方式。

在87%的打架或挑衅事件中，失败者也常用尿洗手脚。研究小组猜想，这同样是一种寻求关注的行为，这是为了寻求同情，但这还需要进一步地研究证实。

猫咪不识甜滋味

糖、香料和其他美味对猫而言没有任何意义。我们的猫科朋友只对一种东西有兴趣——那就是肉（除此之外，还会为了觅食而小睡一下养精蓄锐，或者嬉戏一番，为捕食舒展筋骨）。这不仅是因为每只猫的身体里都潜伏着掠食者的灵魂，随时准备着捕捉小鸟，或者折磨老鼠，还因为猫是至今已知的唯一尝不出甜味的哺乳动物。

大部分哺乳动物的舌头上都有味觉受体，当食物送入口中，细胞表面的蛋白质能激活细胞，让它发出信号，通知大脑。人类能察觉出 6 种味质：酸、苦、咸、麻、鲜和甜。感受甜味的受体实际上是由两种蛋白质组成的，蛋白质的基因不同，分别是 Tas1r 2 和 Tas1r 3。

在一定条件下，两种基因可以形成相互连接的蛋白质，带甜味的东西进入口中，消息就会很快传到大脑。因为甜味是富含碳水化合物的标志，对食草动物和人类这样的杂食动物而言，碳水化合物都是一个重要的能量来源。

也许是因为饮食习惯影响了味觉，也许恰恰相反，因为缺少这种受体，而形成了食肉的习惯，所有的猫、狮子、老虎都缺少一种氨基酸，无法制造 Tas1r 2 基因的 DNA，因此无法编码形成某些蛋白质。这个基因看上去没什么用处（假基因），也无法让猫尝到甜味。美国费城莫耐尔化学感官中心的生物化学家 Joe Brand 开玩笑地说："它们很幸运，无法像我们这样尝出甜味来，不然就会多几颗蛀牙。"

20 世纪 70 年代，就有科学家通过实验指出，猫分辨不了糖水和普通的水，对糖水毫无兴趣。而 Brand 和他的同事李霞一起找到了真正的证据——前面提到的假基因。当然，也有不少其他的传闻，比如说，吃冰淇淋的猫、享受棉花糖的猫、热衷软糖的猫……"也许在糖分浓度高的时候，有些猫能利用它们的 Tas1r 3 受体品尝出甜味，"Brand 说，"但这种情况很少见，我们还不太清楚。"

不过，科学家们很肯定，猫能尝出很多我们无法体会的味道，比如说，能为所有活细胞提供能量的化合物——三磷酸腺苷（ATP）。"肉里面并不会留有大量的 ATP，但这是肉类的信号。"李霞说，其他动物也有各种不同的受体，比如说鸡也缺少察觉甜味的基因；只要附近水中的氨基酸浓度达到纳摩尔级别，鲶鱼就能发觉。Brand 写道："它们的受体能灵敏地从背景浓度中分辨出氨基酸集中的区域，最早发现腐肉的鲶鱼才更有可能在竞争中幸存下去。鲶鱼是腐食动物，寻找腐肉分解后释放的氨基酸对它们非常重要。"

迄今为止，猫仍是唯一一种缺乏甜味基因的哺乳动物；就连它们同为食肉动物的近亲——鬣狗和猫鼬都能尝出甜味。除此之外，猫可能也缺乏其他享受（并消化）糖所需的必要条件，比如说它们的肝里没有葡萄糖酶——控制碳水化合物新陈代谢的关键酶类。

尽管如此，大多数主要的宠物食品还是添加了富含碳水化合物的玉米和其他谷物。Brand 认为："这可能就是猫患上糖尿病的原因。现在的猫食里包含 20% 的碳水化合物，可小猫根本不适应。它们控制不了糖分。"不过，爱猫人士也不用担心家里的小猫觊觎人们的餐后甜点了。

猫为何有夜视能力

人类视网膜拥有红、绿、蓝三种视锥细胞，正是这些基本的"三原色视觉细胞"赋予我们感知色彩世界的能力，而猫的视锥细胞只有绿色和蓝色两种。这样，猫只能分辨有限的颜色，例如灰色、绿色、蓝色和黄色。

猫色彩感的牺牲换取的是它超级强大的夜视能力。在黑暗中，视锥细胞就开始罢工，这时，视网膜中的视杆细胞就上场，这种细胞无法感知色彩，因而在黑夜里我们看到的东西都是黑白的。猫的视杆：视锥细胞的比例是 25:1，而人类只有 4:1，因而当切换到黑夜，猫就变得比人类更为灵敏，而且它的瞳孔在昏暗中可扩大至眼球表面的 90%，微弱的光亮就足够它们觅取猎物。

另外，视野和色彩感其实只是视觉的一部分，对物体的形状、方位、方向的感知也根据各个物种的眼睛结构和视觉皮层的不同而变化。

狗能读懂人的表情

英国科学家研究中发现狗具备一种其他动物所不具备的能力，它们能够读懂人的面部表情，并且能准确地从中判断出人究竟是快乐还是悲伤。

当人类遇到一个新面孔时，他们的目光总是会不自觉地向左转移，首先落在对方面部的右半侧。这就是"左斜视"现象。"左斜视"现象一般只发生在我们人类面对面相遇时，而在其他情况下，比如人类在观察动物或无生命物体时，就不会发生这种现象。对于"左斜视"现象，最可能的解释就是人类面部的右半侧比左半侧更善于表达情感。

宠物狗也与人类一样具有这种"左斜视"倾向。到目前为止，科学家们还没有发现其他的动物会有这种倾向。但是，宠物狗的"左斜视"现象也只发生于它们看到人类面孔时，看到其他事物时同样不会发生。在实验中，林肯大学的郭昆博士向 17 只宠物狗分别展示了人类、狗、猴子等动物的面部图片以及一些无生命事物的照片。当宠物狗面前出现人类面部的图片时，它们的眼神和头部动作具有明显的"左斜视"特征。但是，当它们面对猴子以及无生命事物，甚至它们同类的照片时，却没有任何"左斜视"倾向。

经过与人类数千年的友好相处，狗已经在进化过程中形成了"左斜视"功能，并以此作为判断人类表情的一种途径。研究表明，我们人类面部的右侧比左侧能够更精确、更强烈地表达个人情感，包括愤怒等情绪。如果确实如此的话，这也就是为什么狗和人类同样具有"左斜视"倾向的原因。但令人惊讶的是，在实验中当研究人员把人类面部图片倒过来摆在宠物狗面前时，它们仍然会不自觉地向左斜视。相反，人类在面对倒置的面孔时则不再会有"左斜视"倾向。出现这种奇怪现象的原因可能在于狗的大脑区域分工不同。狗大脑右侧主要负责处理来自左侧视野范围内的信息，因此比起左侧大脑更适合解释人类的面部表情。

吸血蝙蝠的超强奔跑能力

蝙蝠是唯一会飞的哺乳动物，但也许是太精于飞行，长期以来，它们中的大部分几乎失去了在陆地上行动的本领，人们也忽视了它们的这种本领。不过科学家们通过对吸血蝙蝠的研究发现，这种蝙蝠具有"令人吃惊"的奔跑能力。

吸血蝙蝠一直都是科学家们最感兴趣的蝙蝠种类之一。与其他只能在天空中游刃有余的蝙蝠们不同，吸血蝙蝠在陆地上也具有相当强的灵活性，能前行、侧身走、后退，想飞的时候一飞冲天，被称为"会跳霹雳舞的蝙蝠"。它在地面上可以"蹑手蹑脚地"向自己选定的目标靠近，比如一头牛、一匹马，然后跃上对方脊背，开始吸取血液。而其他种类的蝙蝠落到地上时，只能极为笨拙地行进。

吸血蝙蝠引起了美国康奈尔大学科学家丹尼尔·里斯金和约翰·赫曼森的极大兴趣，两人专门设计了一个实验来测试吸血蝙蝠的陆地移动能力。他们在一个有机玻璃制成的笼子中，放置了一个类似跑步机的特制装置，然后将5只成年的雄性吸血蝙蝠放上去。

通过高速摄像机观测它们的运动发现，当"跑步机"以每秒0.56米的低速运动时，吸血蝙蝠只是以正常的走路步调行走。当"跑步机"开始加速时，这些蝙蝠也利用前肢调整为大步慢跑。令人惊讶的是，它们最高能以每秒1.14米的速度飞快地"奔跑"。以蝙蝠的标准来看，这样的速度实属罕见。

虽然吸血蝙蝠具有奔跑能力，但是人们却很少看到它展示这一本领。科学家推测，这可能是由于中美洲和南美洲的大型牲畜群出现后，猎物资源大为丰富，蝙蝠不需要费力奔跑，就能轻易找到食物。

蝙蝠的回声定位系统

蝙蝠拥有回声定位系统，因此有"活雷达"之称。借助这一系统，它们能在完全黑暗的环境中飞行和捕捉食物，在大量干扰下运用回声定位，发出波信号而不影响正常的呼吸。它们头部的口鼻部上长着被称作"鼻状叶"的结构，在周围还有很复杂的特殊皮肤皱褶，这是一种奇特的生物波装置，具有发射波的功能。如果碰到障碍物或飞舞的昆虫时，这些生物波就能反射回来，然后由它们的大耳廓所接收，使反馈的讯息在它们微细的大脑中进行分析。这种生物波探测灵敏度和分辨力极高，使它们根据回声不仅能判别方向，为自身飞行路线定位，还能辨别不同的昆虫或障碍物，进行有效的回避或追捕。

河马的"母系社会"

河马从名字上讲虽然应该是"河中的马",但它的外形看起来却略似一只特别大的猪,而且在进化过程中也与猪类的亲缘关系更为接近,所以管它叫"河猪"似乎更为合适。它是陆地上仅次于象的第二大哺乳动物,体躯庞大而拙笨,有一个粗硕的头和一张特别大的嘴,比陆地上任何一种动物的嘴都大,并且足可以张开呈90度角。

一个群栖的河马家族是以一条不成文的规矩来维持秩序的,雌河马和它的孩子占据河流的中心位置,也即是最安全的地方,然后是年龄稍长的雄河马在这个中心的外缘保护,最外围的是最年轻的雄河马栖息地,义务担任警戒。河马还处在这样一个"母系社会"阶段,雌性理所当然地占据着统治地位。这样做的最大好处是有利于年轻的雄河马自行去组建自己的家庭,从而有效地保证了河马家族的繁衍。

母河马与小河马厮守在一起,这样,客观上保证了幼仔免受主要来自于发情后疯狂的雄河马的伤害。当雄河马心怀鬼胎地逼近时,母河马们就会联合起来,一致用力赶走雄河马。这已成族规,谁要是违反,将受到整个家族的谴责,只好从此开始独居的浪荡生涯。

雌性河马常常被迫使用武力胁迫家族内不听话的成员,打着呵欠,以此显示它那突出的犬齿与巨大的门齿,如果威胁失败,也只好以武力相迫了。

在这个特殊的"母系社会"里,规矩在繁殖季节通常被打破。发情后的雌河马可以任意游出中心地带,进入雄河马地盘,那些得到如此恩宠的"男仆"们感激万分,生怕哪一点没有服侍好它们的女王,然而,女王只会与它看上的雄河马交配。

雄河马发情时变得不可理喻,它们也想像女王巡幸一样,随意进入中心地带,然而,它们必须懂规矩,站立或蹲伏于水中,不准乱碰乱撞。它们是臣民,必须服从和服务于女王的性欲,如果哪位女王确实有需要,它会主动走上前来,挑逗雄河马多少因担惊受怕而冷落的情欲。老老实实蹲伏水中的雄河马都只能碰运气，交配的机会不是每只雄河马都有，所以，它们都互相盯着，生怕哪一位多抛了一个媚眼，从而较轻易地获取了机会。

严肃的族规被充分打破是在枯水季节来临，这时河马的家族中会上演一出类似愚人节时的集体婚配的好戏。这时不会再有女王，也没有臣民，大家都是发情的河马，可以自由恋爱，然后举行集体婚礼，不过这种婚礼仍旧表现出雌河马的主动与威仪，最先发出欢快的求爱声的一定是雌河马，听到这种歌声，雄河马立即报以应允的歌声，这就算定下了婚约，然后，河马便开始双双对对地嬉戏、游乐、交配，抓紧时间一次爱个够。

 知识点

河马为何爱泡澡

河马是食草动物，它生活在热带的非洲，气候相当炎热。它由于适应这种炎热的生活环境才被自然保留下来。它们的适应方式就是泡在水里，从而减少热浪的袭击。但这显然不能成为它"泡澡"的必然理由，同样是生活在热带非洲草原的长颈鹿却没有选择这样的生活习性。

河马养成"泡澡"的习性的还有一个重要原因，则是河马虽然身体粗，样子十分唬人，但它没有对付敌害的武器，无论是体重高达数千千克的大型河马，还是体重仅二三百斤的小型河马，它们都缺乏对付敌害的本领。在生存过程中，形成了猛兽时常出没的白天，便待在危险很少的水里休息，等到夜幕降临敌害减少时，它才爬上岸来吃草，直到天亮又回到河中。从河马觅食的时间和行为来分析，这便是河马习惯泡在水中的又一个原因，由此可见，河马泡澡的习性，是严酷的气候和天敌"逼"出来的。

响尾蛇的"热眼"

茫茫黑夜，万籁俱寂。一只田鼠贼头贼脑从洞口探出头来，发现没有什么危险，于是它两条后腿一蹬，跳到洞外。说时迟，那时快，只见一道黑色闪电袭来，田鼠还没弄明白是怎么回事，就已经被"闪电"吞进肚子里。这"闪电"就是一条响尾蛇。

响尾蛇是怎样发现田鼠的呢？

也许会有人说："蛇眼睛可凶了，又圆又亮，小田鼠一定是让蛇看见了。"这种说法是不正确的！蛇的眼睛虽然又圆又亮，但炯而无神，视力很差，加上夜间漆黑一团，蛇是根本看不到东西的。然而，田鼠千真万确是被蛇发现后捕捉到的，这到底是怎么回事呢？原来响尾蛇是靠自己的"热感受器"来发现田鼠的。田鼠、小鸟和青蛙等小动物都会散发出一定的热量。只要有热量，便会产生一种人眼看不见的光线——红外线，热量不断，这种红外线就不停地向四面八方辐射出去。蛇的热感受器接收到这些红外线之后，就可以判断出这些小动物的位置而一举把它捕获，所以，人们就把蛇的热感受器叫做"热眼"。

响尾蛇"热眼"长在眼睛和鼻孔之间叫颊窝的地方。颊窝一般深5毫米，只有一粒米那么长。这个颊窝是个喇叭形，喇叭口斜向朝前，被一片薄膜分成内外两个部分，里面的部分有一个细管与外界相通，所以里面的温度和蛇所在的周围环境的温度是一样的，而外面的那部分却是一个热收集器，喇叭口所对的方向如果有热的物体，红外线就经过这里照射到薄膜的外侧一面。显然，这要比薄膜内侧一面的温度高，布满在薄膜上的神经末梢就感觉到了温差，并产生生物电流，传给蛇的大脑。蛇知道了前方什么位置有热的物体，大脑就发出相应的"命令"，去捕获这个物体。要验证这一点很容易，你把一块烧到一定热度的铁块放到蛇的附近，蛇会马上去袭击这个铁块的。

实验告诉我们，蛇的"热眼"对波长为0.01毫米的红外线的反应最灵敏、最强烈，而田鼠等小动物身体发出的红外线的波长正好在0.01毫米左右，所以蛇很容易发现和逮住它们，哪怕在伸手不见五指的黑夜。

响尾蛇还有一个奇异的特性，它会剧烈摇动自己的尾巴，发出"嘎啦嘎啦"的声音。响尾蛇利用这种声音引诱小动物跑来，以便捕捉它们，或者用来威吓敌人。

响尾蛇的尾巴为什么会发出响声呢？

原来，响尾蛇尾巴的尖端地方，长着一种角质链状环，围成了一个空腔，角质膜又把空腔隔成 2 个环状空泡，仿佛是 2 个空气振荡器。当响尾蛇不断摇动尾巴的时候，空泡内形成了一股气流，一进一出地来回振荡，空泡就发出了"嘎啦嘎啦"的声音。

蛇的听觉与嗅觉

蛇不仅视力差，而且听觉也迟钝。蛇没有外耳和中耳，没有鼓膜、鼓室和耳咽管，所以蛇不能接受空气传导来的声波。蛇只有内耳，包括听觉器——听壶、球状囊和平衡器——半规管、椭圆囊和耳柱骨，一端连于内耳的卵圆窗，另一端连于方骨附近的横骨上隔肌的内侧方，对于从地面传来的震动却很敏感，所以"打草能惊蛇"。

然而蛇的嗅觉却异常灵敏，蛇的舌细长、尖端分叉。舌体由多种连向的横纹肌组成，横纹肌内有丰富的纤维分布于其中，它能不断地伸缩。因其舌上的皮肤组织中没有味蕾，故无味觉功能，但它却是嗅觉的重要辅助器官。蛇舌经常伸出口外，搜集空气中的各种化学物质，并黏附或溶解于湿润的舌面上，再把它运送到犁鼻器中，然后再产生出嗅觉来。

塞氏鼠的来历

鼠类动物都有一个共同的特征，它们的门牙很发达，终生持续不断地生长，必须借助啃咬物体才能使牙被磨短而不至于长出嘴外。动物分类学家把鼠类的这种牙齿称为啮齿，把鼠类归属于哺乳动物的啮齿目。

塞氏鼠是啮齿目中一种发现得比较晚的种类。塞氏鼠的发现，有一段有趣的故事。1937 年，一个叫塞莱文的动物学家在沙漠中，从一些猛禽没有消化的残物里发现了动物的碎骨和头骨。在鸟类中枭、鸮、鸢都是十分凶猛的飞禽，常以捕猎地面上的小动物为生。这些猛禽没有牙齿，它们只能吞咽食物，而不会把它们嚼碎。这样不能消化的猎物的骨头、皮毛等就被混成椭圆形或长形的团块，重新从它们口中吐出来，分析这些猛禽未消化的残留物，就可知道当地栖居着哪些动物。塞莱文仔细分析了所获得的猛禽未消化残物中的动物骨头后，意外地发现了一种新的啮齿类动物的碎骨和头骨，为了确认他的发现，他把这些骨头送到动物研究所，从专家们那里他的发现得到证实：塞莱文所发现的是一种人们还不认识的啮齿类动物骨头。于是塞莱文开始四处寻找活的这种动物。他终于在1938年捕获了6只这种小野兽。

但不幸的是，这位年轻的动物学家还没来得及做完这种动物的研究工作就去世了。在他死后才由另外两名动物学家完成了对这种小动物的全部研究工作。为了纪念塞莱文，他们把这个新发现的啮齿类动物命名为塞氏鼠。

今天在动物分类中，塞氏鼠被独立地划为啮齿目的塞氏鼠科。

老鼠能分辨人类语言

西班牙科学家研究发现，鼠类可以根据人类语言的特定节奏区分荷兰语和日语。这是迄今为止首次发现除人和猴子以外的动物具有这种本领。

研究者在美国《实验心理学杂志·动物行为过程》杂志上发表文章说，这一研究结果表明：动物尤其是哺乳动物，早在人类语言形成之前，就已经具有某种使用和开发语言的潜在能力。

西班牙巴塞罗那神经学家胡安·托罗，曾经利用64只成年实验鼠进行辨别人类语言的实验。他采用以食物奖励的方法，训练实验鼠在分别听到日语或荷兰语时做出反应。实验结果显示，那些被训练对日语做出反应才受到食物奖励的实验鼠不会对荷兰语做出反应；而那些被训练识别荷兰语的实验鼠则不会对日语做出反应。而这两类实验鼠都不能辨别日语或荷兰语的倒放录音。

研究者还发现，当固定的扬声器或同一个人发声时，实验鼠可以分辨出这两种语言中的自然句；如果换一个扬声器或不同的人发声，实验鼠则不能区分两种语言的不同。以前的科学研究表明，新生儿在语言识别方面也有类似情况；而绢毛猴的"本领"就强得多，因为不管是同一个人还是不同的人说话，它们都能够辨别。

专家认为，这项研究有助于进一步探索人类应用语言的能力哪些是自己独有，哪些是与其他动物共有，以及在生物进化过程中，人类语言在正式形成之前究竟是什么样子。

针鼹有绝招

针鼹分布巴布亚新几内亚和澳大利亚等地，体长为 40 ~ 60 厘米。它的身体的背面布满长短不一、中空的针刺，外形粗看好似一只刺猬，体表还长有褐色或黑色的毛，腹面的毛短而柔软，颜色较淡，尾巴极短，眼睛和耳朵都很小，但具有发达的外耳壳。头部灰白色，前部有一个坚硬无毛的喙，呈圆筒状，并且向下弯曲，鼻孔和嘴都位于喙的前端，嘴只是一个小孔，没有牙齿，没有尾巴，爪坚硬而锐利，雄兽的后足内侧生有距。但事实上，针鼹与刺猬是迥然不同的动物，在亲缘关系上相距甚远。刺猬是食虫类哺乳动物，针鼹却是鸭嘴兽的近亲，与鸭嘴兽同属于哺乳动物中的单孔类，消化道、排泄道与生殖道均开口于身体后部的泄殖腔内，所以也是一种原始、低等的奇异哺乳动物。

针鼹是夜行动物，栖息于灌丛、草原、疏林和多石的半荒漠地区等地带，白天隐藏在洞穴中，晚上出来捕食。它虽然和刺猬一样浑身长满长短不一、中空的针刺，不过它的抗敌本领要比刺猬高明得多。

针鼹身上的针刺十分锐利，且长有倒钩。一旦遇到敌害，针鼹就会背对敌人，它的针刺能脱离针鼹的身体，刺入来犯者的体内，一段时间以后，脱落处又会长出新的针刺。

在御敌时，针鼹还有两个绝招。一个是受到惊吓时，它会像刺猬那样，迅速地把身体蜷缩成球形，使敌人看到的只是一只没头没脑的"刺毛团"，很难下手。再一个是它的四肢短而有力，有 5 趾或 3 趾，趾尖是锐利的钩爪，能快速挖土，然后将身体埋入地下，或者钩住树根，或者落入岩石缝中，使对方无法吃到它。

不喝水的岩大袋鼠

岩大袋鼠分布于澳大利亚东部、西部和北部多岩石的干旱的丘陵山区。多在早晨和黄昏活动，善于跳跃，以树叶、草类等为食，还经常吃一些较硬的多刺植物。它的体毛呈赤褐色。体长90~120厘米，尾长70~90厘米，体重60~70千克。头小，颜面部较长，眼大，耳长。前肢短小，后肢较粗，尾粗长而有力。

在炎热的季节，气温升到31.5℃以上时，如同狗和绵羊一样，岩大袋鼠开始不断地张嘴喘气，竭力降低自己的体温。另外，它们还用舌头舔自己的"手"和胸部，有时还舔后腿，这是因为唾液蒸发时吸热，可降低体温。

有的袋鼠会掘井，深可达1米。这样，不仅它们可以靠井水活命，而且其他一些不会挖井的动物，如野鸽、玫瑰鹦鹉、袋貂以及鸸鹋等，也常常来井边解渴。

然而岩大袋鼠并不想利用这种方便。它们不掘井，也从不去那里喝水，甚至气温高达46℃时，岩大袋鼠也不去饮水。岩大袋鼠可以几周、甚至几个月不喝水也能生活，这是为什么呢？

在太阳晒得最热的时候，岩大袋鼠便躲藏到凉爽的山洞里或花岗岩的岩棚下，以此来保存体内的水分。因为在这些地方，气温从不会高于32℃。

可是，这些古怪的岩大袋鼠为什么不去喝那么好的清水呢？有时，掘好的水井就在距离它们很近的地方。原来，喝水会使它们的身体失去很多氮，大大地降低它们吞吃的食物的营养，因为作为蛋白质主要成分的氮，是半荒漠地区最缺乏的物质。

瞳孔是矩形的山羊

瞳孔是指虹膜中间的开孔，它是光线进入眼内的门户。眼睛中的虹膜一般呈圆盘状，中间有一个小圆孔，这就是我们所说的瞳孔，也称作"瞳仁"。它在亮光处缩小，在暗光处散大。在虹膜中有两种细小的肌肉，一种叫瞳孔括约肌，它围绕在瞳孔的周围，宽不足 1 毫米，它主管瞳孔的缩小，受动眼神经中的副交感神经支配；另一种叫瞳孔开大肌，它在虹膜中呈放射状排列，主管瞳孔的开大，受交感神经支配。这两条肌肉相互协调，彼此制约，一张一缩，以适应各种不同的环境。人类和很多动物的瞳孔由不自觉的虹膜伸缩控制大小，以便调节入眼内的光线强度。这称为瞳孔反射。例如，人类瞳孔在强光下直径大约 1.5 毫米，在暗淡光线中扩大到 8 毫米左右。

动物的瞳孔形状由玻璃体的光学特性、视网膜的形状和敏感度，以及物种的生存环境和需要决定。我们一直把瞳孔想象成圆的，因为我们看到的大部分眼睛的瞳孔都是圆的，就像我们人类的一样。但山羊的瞳孔扩大时形状接近矩形，其实大多数蹄趾类动物的瞳孔都近似矩形。

矩形状的瞳孔使山羊的视野范围在 320～340 度（人类的视野范围在 160～210 度），这意味着它们不用转动头就几乎能看到周围的一切物体。因此，有矩形眼睛的动物因为瞳孔更大，在夜晚能够看得更清楚，白天睡觉时由于眼睛闭得更紧，能够更好地避光。有趣的是，章鱼也有长方形的瞳孔。

刺猬的武器

刺猬是一种奇特的小动物，又名刺团、猬鼠、偷瓜獾、毛刺等。它的体长 22～26 厘米，头宽嘴尖，头顶部棘刺细而短，耳较短。尾巴也短，长度仅 2～4 厘米。背上有粗而硬的棘刺，棘刺的颜色有 2 种：一种是基部白色或土黄色，而尖端呈灰色；另一种是白色或基部白色而尖端呈棕色。其腹部、腿部长有灰白色绒毛。

刺猬在我国分布很广，在东北、华北至长江中下游地区都能见到它们的踪迹，此外在欧洲和亚洲东部一带也经常看到它们的身影。

刺猬体形肥矮，四肢短小，爪子弯而锐利，适宜挖土。眼睛和耳朵都很小，有一张独特的长脸和不断抽动的鼻子。它平时在地上爬行觅食，一旦遇到敌害，就立即将头、尾、脚都包裹在中间而成一团圆球，全身的棘刺一起朝外，成为密布尖刺的肉球，形成最有效的防卫武器，使敌人无从下口。

一只成年的刺猬，其身上大约有 5 000 根棘刺，随着它不断成长，其背上的刺也不断增多，以保持一定的密度，所以一只体形特大的刺猬，身上的刺可达 7 000～8 000 根之多。

那锐利的刺是刺猬防御敌害的"公开武器"。鲜为人知的是，刺猬还有一种"秘密武器"。每当它遇到毒蟾蜍的时候，就立即咬住它的耳周腺，用嘴吸它的毒汁，然后将毒汁涂抹在自己的背刺上；或者咬住毒蟾蜍，将毒蟾蜍皮肤上的毒液涂擦在背刺上。有了这样的"秘密武器"，刺猬就可以更加有效地来保护自己了。

富有牺牲精神的斑马

斑马与马同属哺乳纲奇蹄目马科。与马不同的是，斑马身上有黑褐色与白色相间的光滑条纹，在阳光照射下，显得格外美丽，因此得名"斑马"。

斑马身上这些条纹不仅漂亮，而且与周围环境相适应，能起到很好的保护作用。原来，在斑马生活的非洲半草原半疏林地带，舌蝇是传染昏睡病的媒介，它常常叮咬单体色的动物。据动物学家推测，斑马背上的条纹，能够预防舌蝇叮咬。原因是舌蝇从远处看斑马就像一个淡灰色的斑点，可临近一看，突然跃入眼际的是清晰条纹。色彩对比强烈的黑白条纹把舌蝇弄得眼花缭乱，从而分散或削弱了它们的注意力。

斑马还是一种富于牺牲精神的动物。成群结队的斑马在觅食时，一旦遇上非洲狮，便立刻簇拥着幼马奔逃。当狮子即将追上时，会有一匹壮马骤然放慢脚步，昂首立鬃，向着飞驰而过的同伴凄厉地叫一声，然后横身倒下，牺牲自己，以保护整个马群。

象坟的秘密

大象是陆地上最大的动物，也是人们熟悉的一种庞然大物，它和人一样，也会有生老病死。

在大象的产区，都有流传着这样一个说法：大象到了老年，能自知死亡的来临。快要死的象无论离开自己象族的"坟地"有多远，也要赶回去，好死在"象坟"里。千百年来，那里的象牙和象骨堆积如山，这就是所谓的"象牙矿"。

自古以来，不知有多少探险家、旅行家、狩猎者和一些幻想发财的人，日夜梦想找到"象牙矿"。可是，几百年过去了，却没有一个人找到它。"象牙矿"在哪儿呢？它究竟只是一种传说，还是真的存在？

从现代科学技术的观点来看，"象牙矿"只不过是一个美丽而诱人的传说而已。奇怪的是，人们为什么很少发现大象的尸体和象牙呢？

科学家们考察认为，这还是要先从大象的"葬礼"谈起。1970 年，一位动物学家在非洲密林深处看到了大象的葬礼的全过程。在离密林几十米处的一块小草原上，几十头大象像在开会一样围着一头快要死去的雌象。当这头雌象倒在地上死去时，周围的大象发出一阵哀号，为首的雌象用长长的象牙掘土，用鼻子卷起土朝死象身上投去，其他的象便一起这样做。一会儿，死象身上堆满了土、石块和枯草。接着，为首的雄象带领众象去踏这个土堆。不一会儿，这个土堆就成了一座坚固的"象墓"。众象围着"象墓"转了几圈，像是在和"遗体告别"，然后就离去了。

有趣的是，大象会掩埋同伴的尸体，也会掩埋人的尸体。在塞仑格提国家公园工作的沃尔夫，曾经亲自做过一次实验。清晨，他趴在一个垃圾坑附近，装着已经死去的样子。非洲象群在栅栏外，距离有两米远。没过多久，首领象发现了他，便走了过来，用土、树枝和沙石向他扔去。紧跟着，众象也像首领象一样，朝他扔土和其他东西。

肯尼亚北部，有一位半盲的老太婆，一天，她在途中迷路了，只好钻到一棵树枝低垂的树下过夜。半夜，她觉得有一个象鼻子在触摸她，可能这头象以为她已经死了，便把附近的树枝卷来盖在她身上。早晨，人们发现她被压在一米半高的树枝堆下。大象的这种习性，使得大象尸体不易暴露在荒野。

人们为什么找不到死去的大象的尸体，科学家经过观察发现，大象死了以后，很快就被其他动物分食了。因为象群一般要流动数十里甚至近百里寻找足够的食物，年老和患病的象追随象群感到吃力，就脱离了象群，去找隐蔽的地方藏身，悄然死去。如果遇到热带的大雨或河水泛滥，尸骨和象牙也可能被洪水冲散，或隐于泥沙。此外，热带成群的腐食者如鬣狗、豺、兀鹰等，用不了两天，就会把象的尸体分食净，甚至连象牙也难免被豪猪所啃噬。即使有留下的象牙，也会因炎热、潮湿而被腐蚀掉。

肯尼亚查活国家公园工作人员戴维·谢尔德里科经过多年观察后，发现大象常常会把死象的象牙弄下来，带到远处，往岩石或树干上摔打，直到摔碎。以前人们还以为是鬣狗干的，其实不然。

狮子的"持久战"

在非洲辽阔的原野上，狮子经常是成群地生活在一起。除了大象，几乎没有什么动物是强大的狮子的对手。所以，人们常常以为，狮子成群活动毫无必要。

事实上，如果有数头狮子合力围捕猎物，就能更快更有效地得到食物。另外，草原上还生活着很多像秃鹫、鬣狗等这种想"不劳而获"的动物。如果狮子单独捕获了一头大型动物，它一次肯定吃不完，剩下的尸肉马上会被其他动物一抢而光，这对辛苦捕猎的狮子来说，是对食物的浪费。所以狮子更愿意结成一群，捕猎时更容易，猎获动物后又能一次吃光。

有人曾经目睹了一场狮子与野牛的搏斗：一只公野牛和一只狮子对峙着，要是在平时，总是野牛落荒而逃，狮子在后面紧紧追赶。但是这只野牛的前腿有些瘸，肯定跑不过狮子，它只能面对现实。

照理说，狮子捕食野牛好像是手到擒来的事，更何况是一头有伤的野牛，但实际情况却出乎人们的预料。

单独捕猎的狮子显然对公牛锐利的犄角有所有顾忌,只要野牛一接近狮子,狮子就趴下不动;而野牛刚转身想离去,狮子就紧紧跟在后面,做出准备进攻的样子。野牛只好再回过头来,甚至有几次倒是野牛向狮子冲过来,但狡猾的狮子立即躺下,做出"投降"的姿态。

狮子当然不必担心自己会受到伤害,它已经敏锐地发现野牛的腿上有伤,相信只要"打持久战",就能拖垮对手。

野牛看来不知道如何用犄角来有效地攻击敌人,如果它用尖角对准狮子,以攻为守,然后凭借足够的体力、耐心和谨慎,完全有能力摆脱狮子的纠缠。但这头野牛显然没有做到这几点。腿脚行动不便的野牛,经过几十分钟来回折腾,终于精疲力竭,累得趴在地上喘气休息。狮子马上绕到野牛后面,不等野牛转身防卫,便发起了拿手的"闪电战":它猛地扑上野牛的身体,准确地一口咬住野牛的喉咙,野牛挣扎着——用蹄子胡乱地蹬地……

野牛最终成了狮子的美餐,但回过头来想一想,如果是一群狮子,它们就根本不必用长时间的"持久战"来解决问题了。

浣熊"爱干净"之谜

美洲的熊类中有一种熊,叫浣熊。它全身灰褐色,有一条带有四五个黄色环纹的毛茸茸的长尾巴,特别是它长着一双好像隐藏在黑色蒙面罩中的小眼睛和两只小黑耳朵,长相猛一看很像我国的小熊猫。

浣熊的个子很小,体长76～91厘米,重7～13千克。它白天在树上休息,到天黑时才下树,巡视自己霸占的领土。有时,它们成群结队穿越森林,去猎取树上的鬣蜥蜴。浣熊很机智,它们分成两队,一队爬上树,把瞌睡中的鬣蜥蜴吓下树来;等鬣蜥蜴一落地,就被另一队浣熊逮住了。

有趣的是,它们每次逮到虾、蛤、鱼或青蛙等食物时,从不张嘴就吃,总是用前爪抓住,在水里洗来洗去,或者边洗边吃。吃的时候,还不停地洗手。要是找不到水,不能洗时,它们宁可饿着也不吃。由于它们有洗食的习

可爱的浣熊

惯，人们就称它们浣熊。"浣"是洗的意思，浣熊的名字就是这样来的。

浣熊为什么要洗食物呢？是真的爱干净吗？有的人认为，这是出于浣熊本能的一种习性，如同狗有往土里埋食物的习性，伯劳有往树枝棘刺上串挂小动物的习性一样，这些习性是祖祖辈辈遗传下来的。在动物的习性中，食性变化是最快的。也有的人认为，这是浣熊十分喜欢清洁才这样做的。人们仔细观察后发现，浣熊并不是像人们想象的那样见水就洗，它浣洗的水往往是泥水，而且要比它手中的食物还要脏。其实，浣熊并不是因为爱干净而浣洗的。人们对此作了新的解释：浣熊洗食是它喜欢玩味水中的食物。这样吃起来更有滋味。

巨蟒"保姆"

菲律宾的一位农民用一枚蛇卵，孵出了一条小蟒蛇，从此，这条蟒蛇与这家农民生活在一起。蟒蛇小的时候只会吃些蚯蚓和青蛙，长大后便吞食老鼠、小鸟和小兔子。后来这条蟒蛇长成了一条长达 7 米、重 70 千克的巨蟒，一次能吞下一只整猪。

这条巨蟒像温顺的家犬一样，帮主人干许多活，如看护院子、照看主人家的孩子。孩子要到外面玩耍，巨蟒在前面担负起保护的任务，孩子热了，便和孩子一起洗澡；孩子困了，巨蟒便卷成一团把孩子围在中间，头挨头睡觉。主人整天忙于农活，顾不上看护孩子，这条巨蟒与主人的孩子整天形影不离，成了他们家的"保姆"。

曾有人向这位农民建议，把这条巨蟒放回森林，看它是否愿意返归大自然。得到主人同意后，他们便用车带着巨蟒，把它送到森林中。巨蟒起初四处爬了一阵，到小溪边喝了点水，但 3 小时后又回到了主人的家里。

巨蟒这种野生爬行动物，为什么能在人类的家庭里生存下来，并为主人干活呢？这是颇为费解的问题。不过有一点可以肯定，动物也有感情，只是表达的方式与人类不同，它不能用语言，只能用行动来表达它的好恶。只要人类与这类驯化的动物和睦相待，人和动物可以长期和平共处。

世界屋脊独有的藏羚羊

藏羚羊是我国青藏高原的特有动物、国家一级保护动物，也是列入《濒危野生动植物种国际贸易公约》中严禁进行贸易活动的濒危动物。

藏羚羊一般体长 135 厘米，肩高 80 厘米，体重达 45~60 千克。形体健壮，头形宽长，吻部粗壮。雄性角长而直，乌黑发亮，雌性无角。鼻部宽阔略隆起，尾短，四肢强健而匀称。全身除脸颊、四肢下部以及尾外，其余各处被毛丰厚绒密，通体淡褐色。

它生活于青藏高原 88 万平方千米的广袤地域内，栖息在 4 000~5 300 米的高原荒漠、冰原冻土地带及湖泊沼泽周围，藏北羌塘、青海可可西里以及新疆阿尔金山一带令人类望而生畏的"生命禁区"。藏羚羊特别喜欢在有水源的草滩上活动，群居生活在高原荒漠、冰原冻土地带及湖泊沼泽周围。那里尽是些"不毛之地"，植被稀疏，只能生长针茅草、苔藓和地衣之类的低等植物，而这些却是藏羚羊赖以生存的美味佳肴；那里湖泊虽多，绝大部分是咸水湖。藏羚羊是偶蹄类动物中的佼佼者，不仅体形优美、性格刚强、动作敏捷，而且耐高寒、抗缺氧。在那十分险恶的地方，时时闪现着藏羚羊鲜活的生命色彩、腾越的矫健身姿，它们真是生命力极其顽强的生灵！它们生性怯懦机警，听觉和视觉发达，常出没在人迹罕至的地方，极难接近。有长距离迁移现象。平时雌雄分群活动，一般 2 ~ 6 只或 10 余只结成小群，或数百只以上大群。食物以禾本科和莎草科植物为主。发情期为冬末春初，雄性间有激烈的争雌现

藏羚羊

象，1 只雄羊可带领几只雌羊组成一个家庭，6 ~ 8 月份产仔，每胎 1 仔。

经过千万年自然演变，它们与冰雪为伴，以严寒为友，自由自在地生息在世界屋脊之上。然而，由于一些所谓贵族对被称为"羊绒之王"的藏羚羊羊绒——"沙图什"的需求，藏羚羊的栖息地正在变成一个屠宰场，每年数以万只的藏羚被非法偷猎者捕杀！昔日茫茫高原上数万只藏羚羊一起奔跑的壮观景象，如今再也见不到了。

刀枪不入的穿山甲

在我国南方丘陵山麓的林区，生活着一种善于掘洞而居的动物。这种动物挖洞之迅速犹如具有"穿山之术"，它的外表又会使人联想到龙或麒麟等古代神话中的动物，除了脸部和腹部之外，全身披着 500 ~ 600 块呈覆瓦状排列

的、像鱼鳞一般的硬角质厚甲片，不仅外观很像古代士兵的铠甲，而且硬度更是超过了铠甲。据说用小口径步枪都难以击穿，牙齿锋利的野兽也奈何不得，因而被称为"穿山甲"。

穿山甲的体长为 40～55 厘米，但其中尾巴的长度就占 27～33 厘米，体重为 3 千克左右，鳞片一般呈黑褐色或灰褐色，老年时变为橙红色，所以有人误认为有铁甲和铜甲两种穿山甲。

穿山甲

穿山甲属于夜行性动物，白天蜷宿于地洞里，夜晚出外觅食，活动范围一般不超过 100 米。它性情温顺、懦弱，胆子很小，由于"铠甲"在它的生活中起的作用太大了，所以不管遇到什么情况，总是先将身体缩入其中，把整个身子缩成一团，用宽宽的尾巴包住头部，形成球状，一动也不动，而且还会从肛门中喷射出一股含有臭味的液体，使捕食它的动物无从下手，只得悻悻而去。不过，据说也有一些更为狡猾的豺、狼等食肉动物能够识破穿山甲的伎俩，它们并不拼命用嘴去咬它，而是向它的鳞甲撒尿，如果穿山甲忍受不了身体又臊又湿，便会展开鳞甲，这时便会被食肉动物咬住柔软的腹部，美餐一顿。

穿山甲的头为圆锥状，上面长着一对小眼睛，一对瓣状而下垂的小耳朵和一个像笔管一样尖尖的、张不大的嘴巴。与个体大小差不多的其他哺乳动物相比，它的脑量要小得多，但舌头的长度可达 30 多厘米，超过身体长度的 1/2，能伸出来的部分也有 10 余厘米，前扁后圆，柔软而能灵活地伸缩，非常适合舔食蚂蚁。在它的舌头上还分泌 pH 值为 9～10 的碱性黏液，可以中和食物中的蚁酸和适应栖息地的酸性土壤。雄兽有一个明显的肛后洼陷。它的四肢比较粗壮，前、后肢上各有 5 趾，趾端上的爪子粗大而锐利，尤其是前肢的中趾和第二、第四趾，非常适于挖洞，甚至连单层砖墙也能挖通。身后的尾巴呈扁平状，背部隆起，腹面平坦，可以用作支撑身体或者蜷曲起来保护身体的辅助器官。因此，它的整个身体呈优美的流线型结构，在挖掘前行时可以减少阻力。

穿山甲往往选择坡度为 30～40 度的山坡筑造洞穴，很少在较为陡峭的地方，也不在平地上。它的力气很大，如果在洞口抓住它的尾巴，三四个人也难把它从洞里拉出来。它更是挖洞的能手，挖洞的深度和速度都十分惊人，一天可以挖一条 5 米深、10 余米长的隧道，真是名不虚传。穿山甲的洞穴一般为盲洞，只有一个洞口，挖洞时用粗大的尾巴钉住后方的地面，用前肢上的利爪挖土并推向后方，再由后肢把刨出的土向后推出。有时它先用前爪把土掘松，将身子钻进去，然后竖立起全身的鳞片，形成许多"小铲子"，身体一边向后倒退，一边把挖松的土铲下，拉出洞外。前进时，则将全身的鳞片闭合，又形成许多把瓦工的"抹子"，将洞顶刮抹得平滑而坚固。有人计算过，穿山甲每小时可以挖土 64 立方厘米，所挖出的泥土的重量相当于它的体重。为了适应洞穴里氧气不足的环境，穿山甲的耗氧量大大小于其他哺乳动物。

穿山甲的食量很大，一只成年穿山甲的胃，最多可以容纳 500 克白蚁。据科学家观察，在 15 万平方米林地中，只要有一只成年穿山甲，白蚁就不会对森林造成危害，可见穿山甲在保护森林、堤坝，维护生态平衡、人类健康等方面都有很大的作用。

穿山甲平时独居于洞穴之中，只有繁殖期才成对生活。与洞穴生活相适应，穿山甲有爱清洁的习性，每次大便前，先在洞口的外边 1~2 米的地方用前爪挖一个 5~10 厘米深的坑，将粪便排入坑中以后，再用松土覆盖。洞穴的结构也很有讲究，常常随着季节和食物的变化而不同，一般有两种主要形式：一种是夏天住的，叫做夏洞，建在通风凉爽，地势较高的山坡上，以免灌进雨水，洞内隧道较短，大约为 30 厘米左右，里面结构比较简单；另一种是冬天住的，叫做冬洞，筑于背风向阳，地势较低的地方，距地面垂直高度有 4 米多，洞内结构比较复杂，隧道弯弯曲曲，形似葫芦，每隔一段距离还有一道用土堆起的土墙，长度可达 10 余米，还经过两三个白蚁的巢，成为其冬季的"粮仓"，洞的尽头有一个较为宽敞的凹穴，里面铺垫着细软的杂草，用以保暖，是其越冬期的"卧室"，也用做"育婴室"。

自然界的"清洁工"

昆虫不但种类繁多，而且食性多样，其中腐食性昆虫占昆虫总种数的17.3%。由此可见腐食性昆虫也是一个了不起的庞大类群，它们以生物的尸体和粪便为食，有的将尸体埋入土中，成为地球上最大的"清洁工"。而且由于它们的活动，加速了微生物对生物残骸的分解，在大自然的能量循环中起着十分重要的作用。蜣螂就是它们中的杰出代表。很难想象，在地球上若没有这些"清洁工"，世界会变成什么样子？

当你漫步在乡间小道或到牧区游览时，常可发现滚动着的粪球。仔细瞧瞧，原来是两只昆虫在搬运"宝贝"——它们充饥的"粮食"。它们的行为十分奇特，一只在前头拉，一只在后面推，这一拉一推，粪球就向前方慢慢滚动。原来这是一对夫妻，通常雌虫在前，雄虫在后，配合默契，十分有趣。这种灵巧滑稽的小昆虫，就是通常所说的蜣螂或屎壳郎，也有称它为粪金龟或牛屎龟的。

蜣螂体黑色或黑褐色，属大中型昆虫。前足为开掘足，后足靠近腹部末端，距离中足较远，后足胫节有一个端距。触角鳃叶状，锤状部多毛，小盾片看不见，鞘翅将腹部气门完全盖住。蜣螂夜间出行，但推粪球的工作是在白天进行的。我国宋代《尔雅翼》（罗愿）中曾记载："蜣螂转丸，一前行以后足曳之，一自后而推致之，乃坎地纳九，不数日有小蜣螂自其中出。"从这几句话的记载可以看出蜣螂推粪球的目的。蟑螂能把大堆的牛粪做成小圆球，然后一个个推向预先挖掘好的洞穴中贮藏，慢慢享用。因为圆形在地面滚动时省力，运回巢穴比较容易。雌蜣螂把卵产在粪球里，卵孵化后，出世的小蜣螂立刻就可以得到食物吃。这是蜣螂对它的子女母爱的表现。它宁愿自己付出辛劳，使子女出世后不必再东奔西跑为找食而辛苦。然而在蜣螂的同类中，也隐藏着一些懒汉和无赖，它们不好好劳动，常常伺机在半路上去抢夺滚动着的粪球，妄图占为己有，双方为此展开一场搏斗。若是"强盗"获胜，不但掠走粪球，连别人的"妻子"也一起掳走，这些无赖实在可恶！蜣螂的这种推粪的习性使它成为大自然勤劳的清道夫。

蜣螂是益虫，为造福人类做出了贡献。澳大利亚是世界养牛王国，由此而造成大量牛粪堆积如山，既毁坏了大批草地，又滋生了大量带菌的苍蝇，传染疾病，造成灾难。而澳大利亚本地的蜣螂只会清除袋鼠的粪便。为此澳政府派出专家到世界各国去寻觅能除牛粪的蜣螂。1979 年，一位昆虫学家来到中国求助，在我国引去了中国特有品种——神农蜣螂。此虫一到澳大利亚，立即投入战斗，在清除牛粪中大显身手，战果辉煌，一举成功，为当地人民做出了贡献。

能预报天气的昆虫

你听说过昆虫中有能对气候的变化进行预报的气象哨兵吗？我国古代的一些诗书可以为证。殷代甲骨文的"夏"字，就是一个以蝉的形象为依据的象形字。可见人们早就把蝉和夏季联系在一起，蝉开始鸣叫就是表示天气要变热了。我们的祖先在农历中把全年分为 24 个节气，其中"惊蛰"是在农历 2 月间。古人经过对昆虫的长期观测，知道到了"惊蛰"这个时候，一切越冬昆虫就要苏醒，开始活动了。可见用昆虫预报天气要比气象台预报天气的历史早得多。

我们的祖先把昆虫的活动与季节和月份联系起来，从而总结出以候虫记时的规律，记入书籍中。如《诗经·七月》中有："五月斯螽动股，六月莎鸡振羽，七月在野，八月在宇，九月在户，十月蟋蟀入我床。"意思是：五月螽斯开始用腿行走；六月"莎鸡"（纺织娘）的两翅摩擦发出鸣声，同时也可飞行；八月到了住户的屋檐之下；九月即进到屋里了；十月蟋蟀就得钻到热炕下了。

在日常的生活中，我们可以根据某些昆虫的活动情况或鸣声，来预测短期内的天气变化及时令。例如，众多蜻蜓低飞捕食，预示几小时后将有大雨或暴雨降临。其原因是降雨之前气压低，一些小虫子飞得比较低，蜻蜓为了能够捕食到小虫，飞得也低。蚂蚁对气候的变化也特别敏感，它们能预感到未来几天内的天气变化。据说气象部门根据各种不同蚂蚁的活动情况，将天气分为几种不同类型，用来预测未来几日内的天气情况。晴天型：小黑蚂蚁外出觅食，巢门不封口，预示24小时之内天气良好。阴天型：（4~6月份）各种蚂蚁下午5时仍不回巢，黄蚂蚁含土筑坝，围着巢门口，估计四五天后有连续4天以上阴雨。冷空气型：出现大黑蚂蚁筑坝、迁居、封巢等现象；小黑蚂蚁连续4天筑坝，预示未来将有一次冷空气到来。大雨、暴雨型：（4~9月份）出现大黑蚂蚁间断性筑坝3天以上，并有爬树、爬竹现象；黄蚂蚁含土筑坝，气象预报有升温、升湿、降压等现象，未来48小时有一次大雨或暴雨。干旱型：大黑蚂蚁从树上搬迁到阴湿地方，并将未孵化的卵一起搬走，预示未来有较长时间干旱。当然，用蚂蚁预测天气，仍需参考当地气象资料，才能达到准确程度。

沙漠蚂蚁不迷路的奥秘

众所周知，人在沙漠中迷路之后，就会不停转圈。科学家不禁问道：在没有任何路标导航的情况下，沙漠里的蚂蚁是如何找到回家的方向的？一项新的研究显示，沙漠蚂蚁能够将当地的气味和视觉线索输入导航系统，从而找到回家的路。

在此之前，科学家一直认为，生活在突尼斯贫瘠盐地上的沙漠蚂蚁（长脚沙漠蚂蚁）是单纯通过视觉进行导航的昆虫。但是，德国化学生态研究中心通过气相色谱分析法证实，沙漠蚂蚁栖息地中存在独特的气味特征，能帮助蚂蚁返回洞穴。

研究人员分辨出这些特征中的几种气味，并训练有陆地生活经验的蚂蚁识别这些气味——这些气味可以指引它们找到隐藏的巢穴入口。蚂蚁们能够将洞穴入口与某种气味联系起来，并且将这一气味与其他气味区分开来。它们甚至可以从4种混合的气味中分辨出那种独特的气味。相比几种混合的气味，单一的气味似乎更利于蚂蚁找到回家的路。

通常鸽子都是利用环境中的某种气味作为自己导航的路标，而大多数蚂蚁都是通过自身分泌的信息素来为自己导航的。然而对于这种蚂蚁来说，它们经常要到100米以外去觅食，那里的高温和不断变化的食物地点通常使它们自身的气味弱化，不能发挥效用。这可能就是它们为什么要依赖在洞穴附近获取固定气味的原因。

蚂蚁的分工

蚂蚁过着社会性群体生活。一般在一个群体里有四种不同的蚁型，其分工各有不同。

1. 蚁后：有生殖能力的雌性，在群体中体型最大，特别是腹部大，生殖器官发达，触须短，胸足小，有翅、脱翅或无翅。其职责是产卵、繁殖后代和统管这个群体大家庭。

2. 雄蚁：头圆小，上颚不发达，触角细长。有发达的生殖器官和外生殖器，其职能是与蚁后交配。交尾后不久即死亡。

3. 工蚁：是雌蚁，无翅，复眼小，单眼极微小或无。上颚、触角和三对胸足都很发达，善于步行奔走。其职责是建造和扩大巢穴、采集食物、饲喂幼虫及蚁后等。

4. 兵蚁：兵蚁是在蚁类社会中的特殊职蚁。头大，上颚发达、巨大，可以粉碎坚硬食物，其职责是，在保卫群体或攻击其他蚁类时，担负战斗任务。

蜜蜂御敌有奇术

据国外媒体报道，研究人员发现，蜜蜂对付不速之客有奇术，它们通过将对方团团包围的方法，使其窒息而死。

一只霸道的大黄蜂飞到塞浦路斯蜜蜂窝，想找点美味，不料却发现自己被包围在黑黄色的工蜂中间。这些工蜂紧紧地包围着大黄蜂用来呼吸的腹部，直到让这个入侵者窒息而死。大黄蜂窒息而亡的平均时间为 57.8 分钟。这一发现意味着，蜜蜂对付敌人的方法有三：蜇敌人，这是一种危险之道，因为这意味着蜜蜂的生命也将终结；升高其他生物的体温；让对方窒息而死。法国国家科学研究中心的格拉德·阿诺德说："我们首次详述了蜜蜂令人惊异的自卫战略，也就是窒息法——塞浦路斯蜜蜂包围大黄蜂直至其窒息而死。这种做法让我们惊讶。"

阿诺德和他的同事表示，他们想要弄清楚塞浦路斯蜜蜂杀死它们的大敌东方黄蜂的方式。我们早已知道亚洲蜂会用升高对方体温的方法对付黄蜂，一群蜜蜂"覆盖"在那只倒霉的昆虫身上，让它的体温升高致死。但是，这一次，塞浦路斯蜂围聚着掠夺它们的食物和幼虫的"敌人"大黄蜂身上却没有通过升高其体温"杀死"它。

希腊塞萨洛尼基的亚里士多德大学帕帕克里斯托弗洛和同事们拍摄了蜜蜂杀死黄蜂的录像。他们注意到，蜜蜂紧压着黄蜂的腹部，因此他们做了一项实验，想要看看蜜蜂是否可让黄蜂窒息而亡。昆虫是通过外骨骼上的小孔呼吸，叫做通气孔，通气孔被背甲盖着。研究人员通过小钳子，使用两个塑料片把黄蜂背甲撬开。研究人员写道："与没有安装塑料片相比，安装塑料片后，蜜蜂杀死黄蜂的时间更长了一些。为了杀死耐高温的黄蜂，塞浦路斯蜂开发了有别于体温升高的另一种策略，它们似乎已经识别了黄蜂的这一致命弱点。"

蜜蜂蜇人后为何会死去

蜜蜂个体小，遇到大的敌害时靠个体的力量不能将敌害赶走或消灭，在进化过程中形成了种群成员集中群体力量来建设、保卫自己家园——蜂巢。

蜜蜂的毒刺上有倒生的小钩，刺入人（或动物）皮肤后不能拔出，连腹部的后端也留在皮肤上面。刺人后死亡的蜜蜂仅限于工蜂，工蜂是发育不完全的雌性蜜蜂，刺人的那个"刺"其实是发育未完全的产卵器。因为发育未完全，所以刺人后连同内脏一起都留在被刺者身上，没有内脏当然会死。

至于雄蜂，没有产卵器，也即没有刺，无法攻击人。而蜂王，产卵器发育完全，刺人后不会有事。但是蜂王一生中用它攻击敌人的情况几乎没有，除非是刚孵化时与其他蜂王竞争者的决斗。

昆虫寻花有秘诀

花的颜色是引导昆虫寻花的标志。蜜蜂通过视觉可以在五彩缤纷的大草原中，选择它中意的那些花。蜜蜂的视觉只能辨别4种颜色，它们只能看见黄色、蓝绿色、蓝色和人看不见的紫外线，凡是能显出以上颜色的花，都是蜜蜂采集的对象。那么，红花怎么办呢？蝴蝶是唯一能辨别红色的昆虫，红花是蝴蝶拜访的对象。还有一些高大植物所盛开的鲜红色的花，就必须靠鸟类来传粉了。

各类昆虫中，蜜蜂无疑是为植物传粉的"主力军"，但蜜蜂只能辨别4种颜色，它是否能胜任呢？其实蜜蜂也拜访白花、红花。在人类看起来是白色、红色的花，其实是由多种颜色混合而成的。比如一种人类看起来是红色的罂粟花，它除了红色外，还含有人类看不见的紫外线，蜜蜂虽看不见红色，但它却能辨别紫外线。白色花实际上是由多种颜色混合之后，反映到人们视觉中为白色，而且白花几乎都能吸收紫外线，同时反射出黄和蓝色，因此，看起来是白色的花，蜜蜂看起来可能是蓝绿色。这样蜜蜂寻花的范围就扩大了很多。

仅仅从颜色来寻花不能保证蜜蜂不犯错误，蜜蜂还必须根据花的形状和气味来辨别各种植物的花朵。帮助蜜蜂判断花的形状和气味的是触觉器官和嗅觉器官，这些器官都长在蜜蜂的触角上。花朵的颜色在很远的地方就吸引着蜜蜂，飞到较近的距离时，蜜蜂就根据气味来做最后的挑选，好从相似的颜色中认出自己需要的花来。蜜蜂的嗅觉器官和触觉器官都长在它能活动的触角上，所以触角所到之处，在嗅到气味的同时，也触及了被嗅到的花的外形，"测量"到了花的"尺寸"。气味和形状对了，就不会认错花了。

昆虫寻花还要靠它们的味觉器官，即通过口腔中的味觉器官，判别花蜜的滋味，合口味的便是所要寻找的花朵。有趣的是，并不是所有的昆虫的味觉器官都生在口腔里。苍蝇是用腿的尖端来感觉味道，蝴蝶是用脚的尖端来试味。

昆虫寻花的本领可用色、形、味、香等4个字来概括，经过对花的颜色、形状、气味、滋味一系列的判别，才能从万花丛中找到自己所需要的花。

昆虫的"电话"

昆虫们会利用植物充当"电话"，通过释放独特的化学警告信号，了解它们所吃的植物是否已经被地下的其他同类所占领。这种绿色的"电话"有效避免了昆虫们竞相吞噬同一株植物。

当地下的昆虫寄宿在一棵植物下时，它便会开始蚕食植物的根。同时为了警告食叶性昆虫"此处已被占领"，地下的昆虫会通过植物叶片发出一种化学警报信号，这样一来，食叶性昆虫就会得知这棵植物已被占据。最新研究表明，如果地上昆虫吞食了寄居有地下昆虫的植物，那么它们的发育就会非常缓慢。所以说，这种"绿色电话线"使昆虫们能够保持不对同一植物进行无意识的竞争。

地下昆虫不但能够通过植物这种"绿色电话线"与其他的昆虫发生联系，还能通过此生物"电话"和第三方取得联系，比如如果遇到毛虫，它们便求助于毛虫的天敌——寄生蜂。如果毛虫不让步，地下昆虫就会发出化学信号求救寄生蜂，让寄生蜂来制服毛虫。到了这一步，毛虫的命运就惨了。由叶子发出的化学信号告诉寄生蜂有哪些植物被占领了，于是寄生蜂就将它们的卵产到吃这些植物的地上昆虫体内，因此这些毛虫会机灵地寻找并接触未被地下食根昆虫占据的植物。

研究人员表示，昆虫接触过一些物质后常留下一种特殊气味，借以告知同种别的同性个体，排斥它们进入该处，保持其领域不受同类中同性个体的侵犯，使它们不在该处栖息。面对害虫，如果人们能够破解并利用这些气味上的"密码"，直接切断害虫与资源的联系，就能使资源免于受害。昆虫寄主标记信息素是由昆虫产生的用来标记寄主上有同种个体存在的化学物质，它的主要生态学功能是调节昆虫的产卵行为，通过阻止自身或同种其他个体对已标记寄主的产卵选择，或减少产卵量来减少后代之间对寄主资源的竞争。但是，寄主标记信息素也会给释放者带来不利的影响，如信息盗用和盗寄生现象等。

昆虫的耳朵生得怪

人的耳朵以及许多动物的耳朵，都是左右对称地长在头上。但昆虫的耳朵特别奇怪，它不是长在头上，而是长在身上：有的长在胸部，有的长在腹部，有的长在触角上，还有的长在小腿上。

蝗虫的耳朵长在腹部第一节的两旁；蚊子的耳朵长在触角上；螽斯、蟋蟀的耳朵长在前足的小腿上；飞蛾的耳朵长在胸腹之间；蝉的耳朵长在腹部下面。

昆虫的耳朵生长部位不一致，它们的构造和形状也各不相同。蝗虫、螽斯、蟋蟀的耳朵，外面有一个鼓状的薄膜，叫做鼓膜，里面连有特殊的听器，能感受外界的声浪。当鼓膜感受到外界的音波时，发生振动，波及听器及听神经，声音就传到脑部，做出反应。

蚊子的耳朵，是由触角上密密麻麻的绒毛构成的。在触角的第二节里藏着一个收听声音的器官，能够把外界的声音收来，传到中枢神经去。它能够听到 50 米以外的另一只蚊子的嗡嗡之声，即使蚊子的噪声大到像雷鸣般的震响，它们仍然能辨别是雌蚊还是雄蚊的声响。所以，蚊子的触角，在飞行时不断抖动，就是在探听周围的声响。

昆虫耳朵的听觉非常灵敏，可以说是"顺风耳"。但昆虫的耳朵只能分辨声音节奏的韵律，却分不清曲调的旋律。用同样的音调，模仿雄蟋蟀的鸣叫声，雌蟋蟀却无动于衷。但在夜深人静，当蟋蟀发出有节奏的鸣叫声时，一旦周围稍有动静，它就会戛然停止鸣叫。

昆虫的耳朵，只存在于能发音的昆虫，用来寻找配偶，达到交配的目的。孤单的雌虫，根据异性发出的声音，容易找到对方的藏身之处。在保障自身的安全上，昆虫的耳朵也有很大的作用。飞蛾的耳朵能辨别蝙蝠韵超声波，而迅速离开危险区域。人们就利用它的这种功能，录制蝙蝠的超声波，夜间在田野播放，飞蛾听到就会纷纷逃窜，不敢在附近产卵孵化，危害庄稼。这确是驱赶夜蛾的一种妙法。

突眼蝇的怪眼

昆虫的眼睛各种各样，有的出奇的大，有的出奇的小；有的是一对单眼，有的是由几万个小眼组成的复眼。不过，不管这些眼睛多么奇怪，它们绝大多数是长在昆虫头壳表面的。然而世界之大，无奇不有，有一种虫的眼睛不是长在头壳上，而是长在头上伸出的两根长柄上。这两根长柄的长度，竟然超出它自身长度的 1.5 倍，不知道的人，看到它的这双怪眼，往往会误认为是它头上的触角呢。

这种长有怪眼的虫就以怪眼而得名，叫做突眼蝇。

看到突眼蝇长了这样一对怪眼，你可能会想：它的视力一定会有与众不同的地方吧？是的，科学家研究的结果表明，昆虫的复眼越向外突出，视野也就越开阔。突眼蝇的眼睛远离了头壳，生长在长柄的顶端，真可以说是"会当凌绝顶，一览众山小"了。有了这样的一双眼睛，它前后左右、上上下下，四面八方都可以看得清楚。不过，话又得说回来，突眼蝇的眼睛是由许多小眼组成的复眼。研究表明，组成复眼的小眼越多，视力才越好。可是，突眼蝇的眼睛长在长柄的顶端，不可能长得很大，组成复眼的小眼就很少，因此，它的视力自然也不会太好。这么一来，它的视野虽好，可却是一个戴着"高架眼镜"的近视眼。

还有，突眼蝇的眼和其他昆虫相比，离大脑的距离太远，影像通过神经传导的时间，自然要比其他昆虫长，因此，它对视野中物体的反应也会迟钝一些。至于突眼蝇的眼睛是不是和长筒望远镜一样，可以随意伸缩变焦，从而看清远处的物体，这还有待进一步的研究。

萤火虫趣闻

"囊萤夜读"的故事脍炙人口。我国古书《古今秘苑》中有这样的记载："取羊膀胱吹胀晒干，入萤百余枚，系于罾足网底，群鱼不拘大小，各奔其光，聚而不动，捕之必多。"

萤火虫为人所利用在国外也有记载：非洲有种萤火虫，个体大，发的光也亮，当地人捉来装入小笼，再把小笼固定在脚上，走夜路时可以照明；古代墨西哥海湾海盗很多，航海人不敢点灯，就用萤火虫代替；英国人用玻璃瓶装上许多萤火虫沉到海里引诱鱼来，可以捕到很多鱼；西班牙的妇女用薄纱包住萤火虫戴在头上，闪闪发光。

在南美洲的热带地区有种巨萤，体长达50毫米，它发出的光像一颗大钻石那样闪烁耀眼。17世纪的西班牙军队，曾用这种巨萤伪装了夜战部队，用以欺骗敌军；当敌军在西印度群岛登陆偷袭时，发现林中由巨萤发出的无数的"火光"，以为是西班牙军队大炮上的火绳，便急忙乘船逃走。

无独有偶，我国台湾的萤火虫，种类多，体也大，有些种类夜晚放出的光像霓虹灯一般。上世纪初，日本侵占台湾。有一天晚上日本侵略者看到远处有很多"灯火"，以为当地居民起来造反，便连忙开炮，打了半天，竟无一点回响，后来才知道，"灯火"实为萤火虫，这件事被人们传为笑话。

萤火虫不但是人们熟悉而又喜爱的昆虫，文人墨客也不会忘记对它的称颂。"银烛秋光冷画屏，轻罗小扇扑流萤"（杜牧《秋夕》），这是唐诗中的绝妙佳句。萤火虫幼虫常在腐草堆中觅食小虫，故有"腐草为萤"之误。李商隐《隋宫》中，也有"于今腐草无萤光，终古垂杨有暮鸦"之句。萤具有昼伏夜出的习性，所以有"夕殿萤飞思悄然，孤灯挑尽未成眠"（白居易《长恨歌》）的诗句，写的是唐明皇夜不成寐思念杨玉环的情景。

 知识点

萤火虫为何能发光

萤火虫的种类很多，在它们的腹部末端都有一个能发出绿色光辉的发光器官。它们白天伏在草丛中，夜晚飞出来活动。尾部的那盏绿色的小灯，把夜空装点得同幻境一般。萤火虫不仅成虫可以发光，就连卵、幼虫、蛹也会发光。成虫的腹部末端有个发光器。雄虫的发光器为两节，雌虫为一节。在发光器的透明皮肤下面有发光层和反光层。发光层呈黄白色，是一种叫作萤火素的蛋白质发光物质。当萤火虫呼吸时，这种萤火素便和吸进的氧化合成萤光素酶，萤光素酶像开关一样启动发光反应，当萤火虫产生萤光素酶时，这种反应就开始了，萤火虫便会发出一闪一闪的光亮。

能喷出高温毒液的甲虫

庞巴迪甲虫有一种令人难以置信的独特能力，当受到威胁时，它会快速地从腹部喷出沸腾的、爆炸性的液体，其频率甚至达到了一次触发就连续喷射 70 次，相当于投放炸弹。这种有毒液体是过氧化氢和对苯二酚的混合物，两种物质在甲虫体内发生化学反应。混合物来自庞巴迪甲虫腹部的一个燃烧室功能的部位，这个燃烧室的进出阀门可准确控制混合物的程度。

庞巴迪甲虫的名字来自于其保护自己对抗掠食者的能力。它们喷出的有毒液体温度高达 100℃，可进入鸟类、青蛙、啮齿动物或其他昆虫等食肉动物的身体表面上，喷射毒液，达到驱除它们的目的。液体对于昆虫和小动物是致命的，而人被甲虫咬伤，液体进入人的皮肤，人会感觉很疼痛。

英国利兹大学科学家已经研制出一个模仿庞巴迪甲虫类似功能的实验性装置，装置的喷射距离可达到 4 米。

不般配的"夫妻"

松针黄毒蛾学名舞毒蛾，又称吉卜赛蛾。雌雄两性差异极大，以至于人们往往会把它们误认为是两种不同的蛾类昆虫。雄蛾与雌蛾相比显得很渺小，完全没有"男子汉"的形体气派。雄蛾体褐棕色，前翅浅黄色布褐棕色鳞；后翅黄棕色。雌蛾的体型高大而壮实，体色浅淡，前翅与后翅都接近黄白色，显得高贵而雅致。正是由于外形体色上所形成的强烈反差，使它们成了一对不相配的"夫妻"。

松针黄毒蛾在秋季产卵。雌蛾在树干的基部产下卵之后，即用自身腹部的细毛将产下的卵掩盖得严严实实，看上去就好像是树干上的一块浅棕色斑纹。冬去春来，当幼虫孵化出来后就会向树冠挺进，去饱餐嫩绿的树叶。对于绿色森林，松针黄毒蛾可不像它们的外表那样洁白无瑕，更不存在半点高雅。它们穷凶极恶地蚕食树叶，好端端的白桦林、亭亭玉立的杨树，会被它们洗劫得只剩光秃秃的叶柄和叶脉。因此，它们是不折不扣的森林害虫。

消灭松针黄毒蛾的有效方法是，用煤油和沥青的混合液涂抹在它们产下的卵上，将害虫扼杀在摇篮里。将捕食害虫的鸟类引进到毒蛾肆虐的林子里，用鸟捕食松针黄毒蛾，这也是一种生物防治害虫的有效方法。

松针黄毒蛾的幼虫打小就浑身长满长长的毛，就如蒲公英的种子那样，随风飘落。因此，它们对森林的危害又具有随风转移的特点，有时，甚至会蔓延到很远的林区和果园，其流毒甚广。美国原来并没有松针黄毒蛾，出于用家蚕与毒蛾杂交试验的需要，从欧洲引进了这种害虫。试验中一不留神就让风这种媒介把毒蛾扩散到了实验室的窗外，虽经严密搜寻但还是让漏网分子逃之夭夭。20 年后，美国的森林遭到了毒蛾的危害。

旱地钓"鱼"戏虎甲

虎甲体呈金绿色、赤铜色或灰色，并带有黄色的斑纹。头宽大，复眼突出。有 3 对细长的胸足，行动敏捷而灵活。虎甲是肉食性昆虫，常在山区道路或沙地上活动，捕食低飞的小虫。有时静息路面，当人们步行在路上时，虎甲总是距行人前面三五米，头朝行人。当行人向它走近时，它又低飞后退，仍头朝行人，好像在跟人们闹着玩。因它总是挡在行人前面，故有"拦路虎"之称。世界已知虎甲约 2 000 种，我国有 100 余种，常见的有中华虎甲等。

虎甲成虫长得虽很漂亮，但它的幼虫——骆驼虫却十分丑陋。而骆驼虫奇特的自卫方法却能让我们旱地钓"鱼"，戏弄虎甲。人们去池塘或河流中钓鱼，既是一种消遣娱乐，又可得到收获，还能锻炼耐性，陶冶情操。小孩子们却最好别去，因为有万一不小心掉到水里的危险。那小孩子想钓鱼又怎么办呢？可以去野外的草地上玩钓"鱼"游戏，实际钓的就是穴居洞内的骆驼虫。首先在草地上寻找小洞口，找到后用一根细草秆轻轻插入小洞中，然后观察草秆的动静。当草秆轻轻地摆动时，马上向上一提，就会钓出一条驼背弯腰的小毛虫——骆驼虫来。一根草秆既没钩，又没食饵，怎能把骆驼虫钓上来呢？这就要从昆虫的自卫行为说起了。草秆插进洞穴，骆驼虫受到了攻击，它就进行自卫，用一对上颚咬住草秆，这时只要你快速将草秆拔出，就把骆驼虫拉出来了。

骆驼虫的头大，胸部驼起，腹部弯曲，外形像骆驼，全身长毛，第五腹节背面隆起，并长有逆钩 1 对。骆驼虫在成虫挖掘好的洞中生活，洞穴深达 33 厘米左右，洞口 5 毫米左右。平时遁入洞底，捕食时向上爬至洞口，用背上的逆钩固着身体，一对上颚露出洞外，等待小虫爬过洞口时，突然袭击，然后把小虫拖进洞口。这种"守株待兔"的捕食方法，当然不会捕到很多，难免有时挨饿，一旦捕到食物，就可饱餐一顿。小骆驼虫也很聪明，知道只靠自投罗网的猎物，没有把握，便想出办法来引诱小动物。它轻轻摆动露在洞口的上颚和触角，模仿小草摆动的姿态，以此吸引小动物上钩。这种方法固然能收到猎食的效果，但有时也会暴露自己，引来天敌，反被吃掉，所以骆驼虫还有一套保卫自身的方法。当它遇到敌害攻击时，便靠弯曲的身体迅速蠕动和身上滑溜的长毛，快速躲进洞内。若被敌害拖住外露的上颚，它则利用腹背的逆钩，牢固地钩着洞壁，使敌害难以将它拉出来。

虎甲能用上颚和足在地下挖洞，夜间或阴雨天钻入洞穴，白天多在洞外活动，寻找猎物。交尾在洞外草丛中进行，产卵在洞穴中。卵孵化后的幼虫独居于洞穴中，依靠自身捕食生活，整个幼年时代不离洞穴。当幼年时代即将过完时，它便在洞底的旁边再挖一个斜洞，做个蛹室而化蛹，直到羽化为成虫，再钻出洞外活动。

姬蜂养家有妙招

姬蜂对生儿育女所倾注的热情和爱心不亚于动物界任何其他种类。但它们养家糊口的方式却是别出心裁的。

姬蜂总是用螫针猎杀食物——毛虫、蜘蛛、甲虫或甲虫的幼虫，然而为了保证食品的"保鲜"，它从不把猎物置于死地，而仅仅是刺伤而已，然后把猎物运送到"家"中。它在猎物的身上产下 1 个或多个蜂卵，便撒手离去，而它的孩子们则慢慢享用猎物所提供的养分，在"家"中成长起来。

为了把握"伤而不死"的分寸，姬蜂总是选择一个固定的部位对猎物"行刺"。螫针刺入猎物体内并触及它的神经节，仅射入一滴毒汁，猎物便瘫痪了，这很像是人类医学临床应用的针刺麻醉术。

不少姬蜂也常有一些"不劳而获"的不光彩行为。它们并不去冒险发起攻击，而只是观望同伴的冒险举动，一旦胜利者放下猎物去觅洞时，它们就会把现成的食物偷走，占为己有。

刚孵化出来的姬蜂幼虫，似乎与生俱来便有"保鲜食品"。它们先食用猎物肌体不重要的部分，使猎物仍保持鲜活，甚至到吃完了猎物的一半或3/4，猎物还依然活着。姬蜂这一匠心独具的繁衍后代的方式，使其子女食宿无优。在它们没有冰箱的居室里（洞穴），它们的食品的新鲜程度远非人类的罐头食品可以比拟。

悦耳的蟋蟀声

大家都很熟悉蟋蟀嘹亮的鸣叫声，但你们知道吗，蟋蟀的鸣声大有讲究，科学家们研究发现随着它们的种类不同，鸣声也不同；而且这种鸣声只对同种的蟋蟀有反应，别种蟋蟀对此是无动于衷的，真可谓是同种之间的声通信。

蟋蟀的鸣叫声听起来很悦耳，实际上，它只能单调地变化声音的强弱。蟋蟀的鸣声是由它发音的方法决定的，靠左右前翅的开闭和往复动作发出声音的。当翅膀使劲地闭合时，瞬间发出一个音；翅膀鼓起时不发音。就这样一鼓一闭得到连续的脉冲，形成猝发音。蟋蟀翅膀鼓起闭合动作的往复速度，随不同种类而异，从最慢的每秒 10 次（10 赫兹）到最快的每秒 150 次（150赫兹）。对于频率低的，人们听起来似颤音，快的就觉得是连续音似的。

更有趣的是，在蟋蟀众多的品种中还有几种不具有发音器而不能鸣叫的。尽管那几种雄蟋蟀不能发出声音，但是它们用特殊的方法向雌蟋蟀传递信息。这种方法是震动身躯，靠着身体部分的物理震动来传递声波。当然这样的声音是极微弱的，震动频率仅 40 赫兹左右。甭说人类听不到，即使蟋蟀本身也不可能通过听觉器听到，估计是通过物体传导来的震动感觉到的。不过这种震动的波形与鸣声的波形完全一样，实在令人感到惊讶。

蟋蟀为何好斗

蟋蟀以善鸣好斗著称于世，蟋蟀生性孤僻，绝不能容忍与别的蟋蟀同居一室，只有雄虫在交配时期才与雌虫住在一起，因此，两只蟋蟀一旦碰到一起，就会咬斗起来。

在蟋蟀家族中，雌雄蟋蟀并不是通过"自由恋爱"而成就"百年之好"的。哪只雄蟋蟀勇猛善斗，打败了其他同性，那它就获得了对雌蟋蟀的占有权，所以在蟋蟀家族中"一夫多妻"现象屡见不鲜。

此外，蟋蟀的鸣声也是颇有名堂的，不同的音调、频率能表达不同的意思，夜晚蟋蟀响亮的长节奏的鸣声，既是警告别的同性：这是我的领地，你别侵入！同时又招乎异性："我在这儿，快来吧！"当有别的同性胆敢贸然闯入时，那么一场捍卫领地的恶战便开始了，两只蟋蟀甩开大牙，蹬腿鼓翼，战斗在一起，其激烈程度，绝不亚于两军交战时惨烈的肉搏。

埋葬虫埋尸之谜

在大自然中，在许多像兀鹫、鬣狗、蚂蚁这样的食腐动物，是它们及时地清除了那些暴尸荒野的动物尸体，才防止了因尸体腐败而造成的环境污染。为了表示对它们所做贡献的肯定，人们把它们誉为"大自然的清道夫"。埋葬虫就是它们当中的一员。

埋葬虫的体长很小，平均体长大约是1.2厘米。它们的外表有的呈黑色，有的呈五光六色，也有呈明亮的橙色、黄色、红色。身体扁平而柔软，适合于在动物的尸体下面爬行。

埋葬虫是怎样埋葬小动物尸体的呢？它为什么会有这么古怪的习性呢？原来，埋葬虫的嗅觉很灵敏，当附近有小动物死去，它用触角便能很快闻到尸体的气味，探明尸体的位置，然后在飞行中，用翅膀的震动声为信号，招来大批的同伴。当几十只埋葬虫汇集到尸体上以后，它们便在尸体上爬上好几圈，好像是在测量尸体的大小，考虑该挖多大的墓穴才能将它掩埋似的。等到这道工序完成，所有的埋藏虫就钻到尸体的下面，齐心协力地挖起土来。它们先将土挖松，然后用足将土向四周扒开。就这样，坑越挖越深，越扒越大，小动物的尸体就逐渐下陷，最终被埋葬在由埋葬虫建造起来的墓穴之中了。如果尸体下的土壤太硬，无法挖土掩埋，埋葬虫们还会一起用力，将尸体搬运到土质松软的地方去埋葬。

埋葬虫千方百计地埋葬小动物的尸体到底是为什么呢？原来，它们是在为自己将要出世的儿女准备粮食呢。当埋葬虫埋葬尸体的时候，就在尸体上产下了卵。等到卵孵化，小埋葬虫一出世，就可以吃到由父母早就为它们准备好的食物——小动物的尸体了。不愁吃不愁喝，埋葬虫的幼虫很快就会发育长大，变为成虫。

有趣的叩头虫

叩甲科的昆虫一旦被人捉住，便会在人们手上不停地叩头，所以人们给它起了一个形象的名字——叩头虫。孩子们常在野外捉来叩头虫（成虫）玩耍，用拇指和食指轻轻捏着它的后腹部和鞘翅端部，将它的头部朝向自己，于是叩头虫便将前胸下弯，然后又抬起挺直，同时发出"咔咔"的声音，如此反复进行，好像在不停地磕头。其实它可不是真的向你磕头求饶，而是在挣扎逃脱，这是它的一种自救方式，你稍不留心，它就会弹跳逃走。

这种昆虫还用叩"响头"的方式进行信息传递，吸引异性。叩头虫为什么能叩头呢？因为它的前胸背板与鞘翅基部有一条横缝（下凹），前胸腹板有一个向后伸的楔形突，正好插入中间胸腹板的凹沟内，这样就组成了弹跃的构造。如果你将它背朝下放在平面上，使虫体仰卧，它先挺胸弯背，头和前胸向后仰，后胸和腹部向下弯曲，这样就使身体中间离开平面而成弓形，然后再靠肌肉的强力收缩，使前胸向中胸收拢，胸部背面撞击平面，身体借助平面的反冲力而弹起，从而翻过身来。它的弹起高度可达30多厘米。叩头虫的这种熟练而优美的翻身动作，真像体操的"前滚翻"和"仰卧跃起"的表演。如果捉住它饲养，只要在饲养盒内放一点水果，它们就能生活较长一段时间。

叩甲多为中小型种类，头小，体狭长，末端尖削，略扁。体色呈灰、褐、棕等暗色，体表被细毛或鳞片状毛，组成不同的花斑或条纹。有些大型种类则体色艳丽，具有光泽。生活史较长，一般2～5年完成一代。幼虫身体细长，颜色金黄，故称金针虫、铁线虫。它生活在地下土壤内，可为害播下的种子、植物根和块茎，是重要的地下害虫。世界记载的叩甲已超过1万种，我国已知约600种。

威武的独角仙

犀金龟科亦称独角仙科，是一个特征鲜明的类群，依其上颚多少外露而于背面可见，上唇为唇基覆盖，触角 10 节，鳃片部 3 节组成，前胸腹板与基节之间生出柱形、三角形、舌形等垂突等特征而易于识别。大型至特大型种类，性二态现象在许多种类中显著，其雄虫头面、前胸背板有强大角突或其他突起或凹坑，雌虫则没有角突或仅可见低矮突起。全球已记录有犀金龟 1 400 余种。相对而言，我国犀金龟种类相当贫乏，迄今仅记录有 33 种。成虫植食性，幼虫多腐食，或在地下危害作物、林木之根。我国的种类虽少，但有多种是重要地下害虫，防治的经济意义重大。

独角仙又称双叉犀金龟，体大而威武。不包括头上的犄角，其体长就达 35～60 毫米，体宽 18～38 毫米，呈长椭圆形，脊面隆拱。体栗褐到深棕褐色，头部较小，触角有 10 节，其中鳃片部由 3 节组成。雌雄异型，雄虫头顶生一末端双分叉的角突，前胸背板中央生一末端分叉的角突，背面比较滑亮。雌虫体型略小，头胸上均无角突，但头面中央隆起，横列小突 3 个，前胸背板前部中央有一丁字形凹沟，背面较为粗暗。3 对长足强大有力，末端均有利爪 1 对，是利于爬攀的有力工具。

独角仙一年生产 1 代，成虫通常在每年 6～8 月出现，多为夜出昼伏，有一定趋光性，主要以树木伤口处的汁液，或熟透的水果为食，对作物林木基本不造成危害。幼虫以朽木、腐烂植物质为食，所以多栖居于树木的朽心、锯末木屑堆、肥料堆和垃圾堆，乃至草房的屋顶间，不危害作物和林木。幼虫期经过 3 年，共脱 2 次皮，成熟幼虫体躯甚大，乳白色，约有鸡蛋大小，通常弯曲呈 C 形。老熟幼虫在土中化蛹。独角仙广布于我国的吉林、辽宁、河北、山东、河南、江苏、安徽、浙江、湖北、江西、湖南、福建、台湾、广东、海南、广西、四川、贵州、云南；国外有朝鲜、日本的分布记载。在林业发达、树木茂盛的地区尤为常见。

独角仙除可作观赏外，还可入药疗疾。入药者为其雄虫，夏季捕捉，用开水烫死后晾干或烘干备用。中药名独角螂虫，有镇惊、破瘀止痛、攻毒及通便等功能。

 知识点

怎样识别昆虫

昆虫和其他生物一样，有着自己特殊的分类位置。它在动物界中属于节肢动物门中的昆虫纲。其主要特征如下：

（1）身体的环节分别集合组成头、胸、腹三个体段，但不分部；（2）头部是感觉和取食中心，具有口器（嘴）和1对触角，通常还有复眼及单眼；（3）胸部是运动中心，具3对足，一般还有2对翅；（4）腹部是生殖与代谢中心，其中包含着生殖器和大部分内脏；（5）有些昆虫在生长发育过程中要经过一系列内部及外部形态上的变化，才能转变为成虫。这种体态上的改变称为变态。（6）会鸣叫的昆虫是雄性，雌性不会鸣叫。

因此，昆虫的基本特征可以概括为："体躯三段头、胸、腹，2对翅膀6只足；1对触角头上生，骨骼包在体外部；一生形态多变化，遍布全球旺家族。"

形形色色的水中动物

XINGXINGSESE DE SHUIZHONG DONGWU

我们生活的地球其实主要是一个"水球"，海洋、江河、湖泊、溪流……这其中生活着许许多多的动物，有的古老，有的年轻；有的蓬勃生长，有的由于种种原因濒临灭绝。它们在这个属于自己的世界中世代繁衍，休养生息，却又与人类有着密不可分的联系。

水中动物种类繁多，有哺乳动物，如各种鲸类、海豚、海豹、海狮、儒艮等；有鱼类，鱼类是脊椎动物中最低级的一个类群；有节肢动物，如鲎、虾类、蟹类等；有软体动物，如石鳖、贻贝、珍珠贝、扇贝、牡蛎、文蛤、乌贼、章鱼等；有腔肠动物，腔肠动物因其特有刺细胞，故又被称作为刺胞动物。

不同功能的生物种群生活在一起，构成特定的生物群落，不同生物群落之间及其与环境之间，相互作用、协调着，维持特定的物质和能量流动过程，对水环境保护起着重要作用。

水中动物中有着无穷的奥秘，前人的发现与研究使我们能了解许多关于它的知识，然而，还有更多的谜底等待着我们来揭开。从某种意义上来说，了解水中动物及其形成的生态系统就是了解人类自己，因为水圈是我们的发源地。

乐于救人的海豚

在人们的心目中，海豚一直是一种神秘的动物。不过，人们对海豚最感兴趣的，恐怕还是它那见义勇为、奋不顾身救人的行为。

海　豚

历史上流传着许许多多关于海豚救人的美好传说。早在公元前 5 世纪，古希腊历史学家希罗多德就曾记载过一件海豚救人的奇事。有一次，音乐家阿里昂带着大量钱财乘船返回希腊的科林斯，在航海途中水手们意欲谋财害命。阿里昂见势不妙，就祈求水手们允诺他演奏生平最后一曲，奏完就纵身投入了大海的怀抱。正当他生命危急之际，一条海豚游了过来，驮着这位音乐家，一直把他送到伯罗奔尼撒半岛。这个故事虽然流传已久，但是许多人仍感到难以置信。

1949 年，美国佛罗里达州一位律师的妻子在《自然史》杂志上披露了自己在海上被淹获救的奇特经历：她在一个海滨浴场游泳时，突然陷入了一个水下暗流中，一排排汹涌的海浪向她袭来。就在她即将昏迷的一刹那，一条海豚飞快地游来，用它那尖尖的喙部猛地推了她一下，接着又是几下，一直到她被推到浅水中为止。这位女子清醒过来后举目四望，想看看是谁救了自己。然而海滩上空无一人，只有一条海豚在离岸不过的水中嬉戏。近年来，类似的报道越来越多，这表明海豚救人绝不是人们臆造出来的。

海豚不但会把溺水者推到岸边，而且在遇上鲨鱼吃人时，它们也会见义勇为，挺身相救。1959年夏天，"里奥·阿泰罗"号客轮在加勒比海因爆炸失事，许多乘客都在汹涌的海水中挣扎。不料祸不单行，大群鲨鱼云集周围，眼看众人就要葬身鱼腹了。在这千钧一发之际，成群的海豚犹如"天兵神将"突然出现，向贪婪的鲨鱼猛扑过去，赶走了那些海中恶魔，使遇难的乘客转危为安。

海豚始终是一种救苦救难的动物。人类在水中发生危难时，往往会得到它的帮助。海豚也因此得到了一个"海上救生员"的美名，许多国家都颁布了保护海豚的法规。那么海豚为什么要救人呢？在人们对海豚没有充分认识之前，总以为它是神派来保护人类的。由于科学的进步，人们对海豚的认识进一步加深，其神秘面纱逐渐被揭开。那么，海豚救人究竟是一种本能呢，还是受着思维的支配？

动物学家发现，海豚营救的对象不只限于人。它们会搭救体弱有病的同伴。1959年，美国动物学家德·希别纳勒等人在海中航行时，看到两条海豚游向一条被炸药炸伤的海豚，努力搭救着自己的同伴。海豚也会救援新生的小海豚，有时候这种举动显得十分盲目。在一个海洋公园里，有一条小海豚一生下来就死掉了，但它仍然不断地被海豚妈妈推出水面。其实，凡是在水中不积极运动的物体，几乎都会引起海豚的注意和极大的热忱，成为它们的"救援"对象。有人曾做过许多试验，结果表明，海豚对于面前漂过的任何物体，不论是死海龟、旧气垫，还是救生圈、厚木板，都会做同样的事情。1955年，在美国加利福尼亚海洋水族馆里，有一条海豚为搭救它的宿敌——一条长1.5米的年幼虎鲨，竟然连续8天把它托出水面，结果这条倒霉的小鲨鱼终于因此而丧了命。

据此海洋动物学家认为，海豚救人的美德，来源于海豚对其子女的"照料天性"。原来，海豚是用肺呼吸的哺乳动物，它们在游泳时可以潜入水里，但每隔一段时间就得把头露出海面呼吸，否则就会窒息而死。因此对刚刚出生的小海豚来说，最重要的事就是尽快到达水面，但若遇到意外的时候，便会发生海豚母亲的照料行为。她用喙轻轻地把小海豚托起来，或用牙齿叼住小海豚的胸鳍使其露出水面直到小海豚能够自己呼吸为止。这种照料行为是海豚及所有鲸类的本能行为。这种本能是在长时间自然选择的过程中形成的，对于保护同类、延续种族是十分必要的。由于这种行为是不问对象的，一旦海豚遇上溺水者，误认为这是一个漂浮的物体，也会产生同样的推逐反应，从而使人得救。也就是说这是一种巧合，海豚的固有行为与激动人心的"救人"现象正好不谋而合。

有的科学家觉得，把海豚的救苦救难行为归结为动物的一种本能，未免是将事情简单化了，其根源是对动物的智慧过于低估。海洋学家认为，海豚与人类一样也有学习能力，甚至比黑猩猩还略胜一筹，有海中"智叟"之称。研究表明，不论是绝对脑重量还是相对脑重量，海豚都远远超过了黑猩猩，而学习能力与智力发达密切相关。有人认为，海豚的大脑容量比黑猩猩还要大，显然是一种高智商的动物，是一种具有思维能力的动物，它的救人"壮举"完全是一种自觉的行为。因为在大多数情况下，海豚都是将人推向岸边，而没有推向大海。20世纪初，毛里塔尼亚濒临大西洋的地方有一个贫困的渔村艾尔玛哈拉，大西洋上的海豚似乎知道人们在受饥馑煎熬之苦，常常从公海上把大量的鱼群赶进港湾，协助渔民撒网捕鱼。此外，类似海豚助人捕鱼的奇闻在澳大利亚、缅甸、南美也有报道。

海豚对人类这样一心一意，到底是为了什么呢？在鲨鱼面前，海豚是疯狂的击杀之神，攻击人类可谓易如反掌，但却从来没有海豚伤人的记录。最令人无法理解的是，即使当人们杀死一条海豚的时候，其他在场的海豚也只是一旁静观，绝不以牙还牙。对于协作精神很强的海豚，这样的表现实在令动物学家深感困惑。

 知识点

海豚的智商有多高

海豚的适应及学习能力很强，能做出各种难度较高的杂技表演动作，并且能与人类进行一些比较高级的沟通，是一种聪明伶俐、本领超群的鲸类哺乳动物。

从解剖学的角度来看，海豚的脑部非常发达，不但大而且重。海豚大脑半球上的脑沟纵横交错，形成复杂的皱褶，大脑皮质每单位体积的细胞和神经细胞的数目非常多，神经的分布也相当复杂。

例如，大西洋瓶鼻海豚的体重250千克，而脑部重量约为1 500克（这个值和成年男性的脑重1 400克相近）脑重和体重的比值约为0.6，这个值虽然远低于人类的1.93，但却超过大猩猩或猴类等灵长类。

无论是从脑重量和体重的比，或是从大脑皮质的皱褶数目来看，大西洋瓶鼻海豚脑部的记忆容量，或是信息处理能力，都有待进一步地发现与开发。

令人费解的鲸集体"自杀"

1979年7月17日，加拿大欧斯海峡狭长的沙滩上，突然从海中冲上来一大群不速之客——鲸，粗略估算一下，足有百余头。这群鲸集体冲上海滩"自杀"的消息在当地引起了很大的轰动。其实，有关鲸集体"自杀"的事，在世界其他一些海域也曾发生过。早在1784年，法国海岸就发生过这类怪事，这年3月13日，在奥捷连恩湾里，只见一群抹香鲸趁涨潮时游上海滩，退潮时，也不肯游去。结果有32头鲸搁浅在沙滩上，吼叫之声在数千米外都能听到，最后，这群抹香鲸活活干死在沙滩上。当时，人们还没有援救鲸的意识，只是眼睁睁地看着它们"自杀"。到了20世纪六七十年代之后，人们慢慢有了援救鲸类的意识，然而事情并不那么简单。1970年1月11日，在美国佛罗里达州的一处海滩上，一大群逆戟鲸不顾一切冲上海滩，冲上来的达150余头。海岸警备队发现了它们，立即把它们拖回到海里，可是它们又冲上岸，个个都是"宁死不屈"的样子。最后那些冲到海滩上的，全部干死了。这个事例说明，鲸冲上海滩，并不是误入歧途，而是它们完全不想活了。说它们是"自杀"一点儿也不过分，而且是地地道道的集体"自杀"。

鲸为什么要集体"自杀"呢？几十年来，不少人都在研究这个问题，得出的结果也不一致。有人说，鲸"自杀"可能是鲸群中的领头鲸神经错乱而导致的结果；有的认为，鲸"自杀"可能是这群鲸患了某种我们人类还弄不清的疾病所致；还有人说，可能是鲸群追捕食物误入浅滩搁浅的缘故。总之，众说纷纭，莫衷一是，不过，这些说法都不能使人信服。

为了揭开鲸集体"自杀"之谜，许多科学家进行了大量深入的研究工作，取得了不少的进展。荷兰科学家杜多克收集整理了133例鲸"自杀"的事例。他发现，鲸"自杀"的地方，在地球各个角落都有，通常是在低海岸、水下沙滩、沙地或是淤泥冲积地区的海角。鲸有精确的回声定位器官，发生"自杀"时，往往是因为鲸的测定方位器官受到干扰，以致导航系统发生困难而"自杀"的。造成回声定位系统失灵的主要原因是遇到了缓斜沙质海底。另一个原因是鲸在捕捉食物时，由于声波系统紊乱造成的。俄罗斯的学者则认为，鲸集体"自杀"的原因是出于一种保护同类的本能。据1985年美国科学家的一份研究报告说，从212例鲸和海豚集体"自杀"的事例分析，凡是发生鲸类"自杀"的地方，全都是磁场最弱的地方。这意味着什么呢？它与鲸的集体"自杀"有必然联系吗？这都没有最后的答案，可见，鲸集体"自杀"之谜并没有真正揭开。

鲸类王国里的"方言"

人类由于居住的地域环境不同，会形成各种各样不同的方言。那么生活在海洋中的动物有没有方言呢？科学家们发现，海洋动物尤其是鲸类不仅像人类一样有"语言"，而且也有不同的"方言"。

在鲸类王国里，要数海豚家族的种类最多了，全世界共有30多种。海洋科学家发现，海豚发出的叫声共有32种，其中太平洋海豚经常使用的有16种，大西洋海豚经常使用的有17种，两者通用的有9种，可见太平洋海豚与大西洋海豚有一半语言互相听不懂，这就是由于地域不同产生的海豚的"方言"。因此海洋学家认为，海豚不仅可以利用声波信号在同种海豚间进行通讯联络，也可以在不同种类的海豚间进行"对话"。虽然它们不能做到完全理解，不过也能达到似懂非懂的程度。现在还没有人能听懂海豚的"哨音"，无法理解它们的通讯内容。有人推测，这种聪明的动物也可能具有类似于人类语言的表达能力。

体长 11～15 米、平均体重 25 吨的座头鲸非常善于"交谈"，不仅能"唱"出使人萦绕于心头的优美歌声，而且能连续"歌唱"22 个小时。虽说渔民们早就知道座头鲸会"唱歌"，但人们对其歌声的研究却起步较晚。1952 年，美国学者舒莱伯在夏威夷首次录下了座头鲸发出的声音，后经电子计算机分析，发现它们的歌声不仅交替反复有规律，而且抑扬顿挫、美妙动听，因而生物学家称赞它为海洋世界里最杰出的"歌星"。座头鲸的鼾声、呻吟声和发出的歌声，都可用来表示性别并保持群落中的联系。一个"家族"即使散布在几十平方千米的海面上，仍能凭借歌声了解每一个成员所在的位置。座头鲸的嗓门很大，音量可达 150 分贝，有些鲸的声音甚至能传出 5 千米以外。

如果说座头鲸是鲸类世界里的"歌唱家"，那么虎鲸就是鲸类王国中的"语言大师"了。虎鲸能发出 62 种不同的声音，而且这些声音有着不同的含义。更奇妙的是，虎鲸能"讲"不同"方言"和多种语言，其"方言"之间的差异既可能像英国各地区的方言一样略有不同，也可能如英语和日语一样有天壤之别。这一发现使虎鲸成为哺乳动物中语言上的佼佼者，足以和人类或某些灵长类动物相媲美。

加拿大海洋哺乳动物学家约翰·福特一直从事虎鲸的联系方式的研究。他对终年生活在北太平洋的大约 350 头虎鲸进行了追踪研究。这些虎鲸属于在两个相邻海域里巡游的不同群体，其中北方群体由 16 个家庭小组所组成。由于虎鲸所发出的声音大部分处于人类的听觉范围内，所以，利用水听器结合潜水观察，能比较容易地录下它们的交谈。

福特认为，虎鲸的"方言"是由它们在水下时常用的哨声及呼叫声组成，这些声音和虎鲸在水中巡游时为进行回波定位而发出的声音完全不同。科学家对每一个虎鲸家庭小组的呼叫，即所谓的方言进行分类后发现，一个典型的家庭小组通常能发出 12 种不同的呼叫，大多数呼叫都只在一个家庭小组内通用。而且在每一个家庭小组内，"方言"都代代相传，但有时家庭小组之间也有一个或几个共同的呼叫。虎鲸还能将各种呼叫组合起来，形成一种复杂的家庭"确认编码"，它们可以借此编码确认其家庭成员。尤其是当多个家庭小组构成的超大群虎鲸在一起游弋时，"编码"就显得特别重要。由于虎鲸方言变化的速度极慢，因而形成某种"方言"所需的时间可能需要几个世纪。

当然，动物界的语言不可能像人类语言那样内涵丰富，但不能由此否定它们的语言的存在。由于人们传统地认为语言是人类的特点，因而对客观存在的动物语言研究极少，所知甚微。如今，科学家已发现鲸类的语言和方言，可见方言并不是人类所特有的。科学家们正致力于研究和理解动物界的独特语言，充当动物语言的合格译员，这对于探索动物世界的生活方式和社会奥秘，无疑有着重要的意义。

鱼类缺觉也会补

鱼类是否会睡觉？这是长期以来一直萦绕在人们心中的谜团。一项最新研究显示，夜晚被打扰后，鱼类也喜欢睡个懒觉。

和其他大部分鱼种一样，斑马鱼也没有眼睑，因此，当它们静止不动时，人们很难确定它们是在睡觉还是在休息。现在，研究人员不仅能证明鱼类要睡觉，而且还证明了它们也会出现睡眠剥夺和失眠现象。研究人员反复利用适度的电击对这些鱼进行干扰，让这种受欢迎的观赏鱼在夜间保持清醒。他们发现，这些夜间睡眠被扰乱的小鱼只要逮着机会，就会设法补足睡眠。

这项研究中利用的一些小鱼通过遗传变异，产生了能感知降食欲肽的神经系统受体。降食欲肽是一种有助于促进失眠的物质。人类缺少降食欲肽将与嗜眠有关。具有这种变异的斑马鱼出现失眠现象，与不具有这种变异的鱼儿相比，它们的睡眠时间削减了30%。

这项研究让研究人员更深地了解了控制睡眠的分子的功能，他们希望对斑马鱼做进一步研究。因为斑马鱼拥有与哺乳动物类似的中枢神经系统，对它们进行研究，有助于更好地了解人类存在的睡眠紊乱问题。研究人员说："睡眠紊乱普遍存在，而且人们对它了解很少。在进一步的研究中，大脑怎样产生睡眠以及为什么产生睡眠，将成为主要思索目标。在这项研究中，我们证明了用于遗传研究睡眠的多刺的鱼也需要睡眠。"

美国和法国的这个研究组对这些鱼进行了监控，发现它们睡觉时，尾鳍下垂，停在浴缸的表面或底部。美国斯坦福大学的伊马里·米格诺特进行了这项研究，他说："关于怎样或者为什么睡眠被自然进化选中和它是如此普遍的问题，这项研究可能给我们提供了重要线索。"

蚊子一般的胖婴鱼

依靠0.1毫米之差，"世界上最小鱼"纪录再次刷新。一些来自欧洲国家和新加坡的专家发表研究结果称，他们在印度尼西亚苏门答腊岛发现一种"袖珍鱼"，体长仅有7.9毫米，相当于蚊子的大小。

这种鱼虽然是世界上身材最小、体重最轻的，但名字很有趣，叫"胖婴鱼"。估计再小的鱼钓对它们来说都无法下咽。这种"袖珍鱼"不但夺得"世界最小鱼"的称号，也成为世界上最小的脊椎动物。

这一研究小组由伦敦动物学家拉尔夫·布里茨领衔，成员还包括瑞士鱼类学家莫里斯·科特拉，以及来自德国和新加坡的两名同行。

世界最小鱼

《伦敦英国皇家学会学报》刊登了这一研究小组的研究成果。这种"袖珍鱼"，其中一条成熟雌性的个体从鼻子到尾巴总长为7.9毫米，刷新了"世界上最小鱼"的纪录。

"胖婴鱼"外形细长，看起来像条小虫子，它们无鳍，无齿，无鳞，身体除眼睛外无色素沉着，全身透明，雌鱼在 2 ~ 4 周大的时候产卵。"胖婴鱼"一般寿命在 2 个月左右，成年雄性能够长到 8.6 毫米，而雌性则稍小。

此前，"世界上最小的脊椎动物"的桂冠一直戴在印度洋 – 太平洋海域的"鳂虎鱼"头上，其最小个体在成熟期时体长为 8 毫米。

海洋动物迁徙之谜

据英国《泰晤士报》报道，科学家可能已经解开了海洋生物学上一个最令人费解的谜团：海洋动物是怎样在茫茫大海长途迁徙而不会迷路的。他们发现了一些证明海龟和鲑鱼可以读取它们的出生地周围的"地球磁场图"，并将这些"数据"牢记在大脑里的证据。

鲸鱼和鲨鱼及很多其他生物可能正是利用类似的方法在海洋中自由穿行的，而且这些动物还能觉察并记下地球磁场的变化。北卡罗来纳大学教堂山分校的生物学教授肯尼斯·罗曼恩说："在一些岩石丰富的海区，磁矿石引起当地出现磁力异常现象。"人们经常认为，这种异常现象对磁性敏感的动物来说，一种非常有意义的可能性是，磁力异常可能被当做是一个非常有用的标记。长期以来，科学家已经知道地球磁场在不断发生轻微的变化，而且每一个海洋都有不同的磁场特征。但是他们不能确定海洋生物是否可以发现这些磁场特征。

人们一直认为鲑鱼可以利用鳃"嗅"河水，找到它们出生的河流，但是后来科学家意识到，这种方法只能在很短的距离内产生作用。另一种可能性是流体力学。流体力学是水流和波浪的相互作用、海岸线和海床产生的水体运动形式。如今，罗曼恩和其他人正在努力证明海洋生物是通过三种方法在海洋中行进的，但是在长途迁徙中，"磁导航"应该是最重要的方式。

罗曼恩选择研究海龟和鲑鱼的原因是，这两种海洋生物都用很长时间进行长途迁徙，但是它们似乎永远都能记住如何返回家园。在其中一项试验中，罗曼恩证明了幼年海龟拥有一个"内置地磁图"，它们在这个地图的引导下，首次成功穿越了大西洋。

鱼类为何要迁徙

鱼类因生理要求、遗传和外界环境因素等影响，引起周期性的定向往返迁徙。这种洄游是鱼类在系统发生过程中形成的一种特征，是鱼类对环境的一种长期适应，它能使种群获得更有利的生存条件，更好地繁衍后代。

洄游可分为：①生殖洄游，如淡水区的鳗鱼在生殖期游向深海产卵，称为远陆洄游。②稚鱼洄游，生活在海洋里的鱼，生殖期游往淡水中产卵，孵化的稚鱼翌年春季随融化的冰雪游入海洋。③觅食洄游，鱼类为寻食浮游生物而集群洄游到食饵丰富的水域。④季节洄游，鱼类因海水温度随季节变化而洄游到适宜温度的水域。

影响鱼类洄游的环境因素有水流、底形、温度、盐度、水质、光线等，其中水流是对洄游的定向起决定性作用的因子。在具有一定流速的条件下，鱼类通常都逆流而游。

能离开水生活的鱼

"鱼水情"恐怕是鱼与水之间一个永恒的情感命题。然而这无奇不有的大千世界里，也有不在水里生活的鱼类。肺鱼这种在大洋洲、美洲、非洲均有分布的鱼，除了鳃的呼吸功能与其他鱼没有什么两样外，还有一个特殊的本领，能从大气中吸进空气，经它们的肠道进入鳔内。肺鱼的鳔与众不同——具有肺的构造与功能，鳔的内部血管网络纵横交织，吸进氧气呼出二氧化碳的气体代谢工程就在这肺一样的鱼鳔中进行。

由于肺鱼的长住环境是杂草丛生的池塘，因此，它并不是时时刻刻都用"肺"呼吸，一旦栖息地的水质发生变化或水塘干涸，它们的"肺"就派上用场了。这种适应环境不断变化的应变能力是自然界生存竞争、适者生存的客观反映，而肺鱼则正是生存竞争中的强者。

非洲热带雨林的气候具有雨季和旱季泾渭分明的特征。在那里生长着的

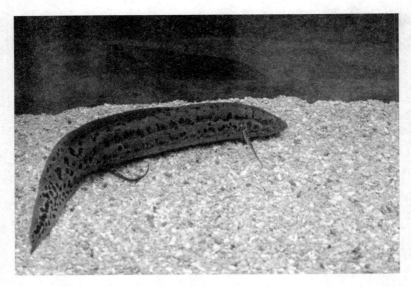

肺　鱼

肺鱼在旱季到来、水源干枯的时候，就将自身藏匿在淤泥之中。它们巧妙地在淤泥中构筑一间"独善其身"的泥"屋"，仅在相应的地方开一个呼吸孔。它们就这样使身体始终保持湿润，在"泥屋"中养精蓄锐。数月后，雨季来临，"泥屋"便会在雨水的浸涮下土崩瓦解，肺鱼结束了"休眠"状态，重新回到有水的天地。有人曾在旱季将非洲肺鱼连同它的"泥屋"整体迁徙到欧洲大陆。经温水浸润后，肺鱼居然从"泥屋"的废墟中复活了，并在一只鱼缸里生活了好几年。

　　攀鲈是生长在印度、缅甸和菲律宾群岛的一种鱼，遇到干旱季节，它们也能在淤泥中栖息度日，倘若干旱旷日持久，它们不会在泥中耐受煎熬，而会去开辟新的生存领地。它们借助于自身的胸鳍和鳃盖上的锐利钩刺在陆地上艰难地行走。攀鲈的鳃边长着两个腔室（动物学上称之为"迷路"），腔室内部布满了微血管网络，吸入的空气在腔室中分离出来的氧气，通过微血管壁渗入血液中，保证了攀鲈在陆地上的生存供氧。

　　印尼爪哇岛海域里的一种热带鱼——弹涂鱼，它们也能在水外寻求生存空间。弹涂鱼总是眷恋着生长在浅海水域的红树灌木。涨潮时，它们与红树的根基同在水中休养生息；退潮时，红树树根深露出水面，它们也就离开了水，又跳又蹦地捉食昆虫和无脊椎动物。它之所以能长时间在水外生活，是由于它们鳃前的喉部蓄存着一些永不干涸的水，这些水能保持身体润泽免受干渴之苦。有一种银色弹涂鱼还非得周期性到陆地上"度假"，倘若长期强求它们生活在水中的话，倒是会出毛病，甚至会闷闷不乐地死去。

抗冻的鳕鱼

南极鳕鱼生活在南大洋比较寒冷的海域，甚至在位于南纬82度的罗斯冰架附近，都有它的分布。它体长40厘米左右，体重为几千克，体型短粗，呈银灰色，略带黑褐色斑点，头大，嘴圆，唇厚，血液为灰白色，没有血红蛋白。作为食用鱼类，它肉嫩质白。味道鲜美可口，营养价值较高。

它的独特生理功能是抗低温，能够在寒冷的天气中生存。因此，南极鳕鱼除了作为重要资源而进行商业性开发外，它的抗冻功能也备受重视。

一般鱼类在零下1℃就冻成"冰棒"了。南极鳕鱼却能在零下1.87℃的温度下活跃地生活，若无其事地游来游去。原来在南极鳕鱼的血液中有一种特殊的生物化学物质，叫做抗冻蛋白，就是这种抗冻蛋白在起作用。

抗冻蛋白所以具有抗冻作用，是因为其分子具有扩展的性质，好像其结构上有一块极易与水或冰相互作用的表面区域，以此降低水的冰点，从而阻止体液的冻结。因此，抗冻蛋白赋予南极鳕鱼一种惊人的抗低温能力。

形影不离的鲎夫妻

在中国及日本南部沿海，生长着一种大型节肢动物，外形像一只瓢，雌雄整天形影不离，行走、吃食、休息都钩夹在一起，这就是人们称为"海底鸳鸯"的鲎。

生活在深海里的鲎不属于鱼类，而是属于节肢动物门肢口纲。鲎是节肢动物中体型最大的种类。因为它的体形像马蹄，行动像蜘蛛，有人称它为马蹄蟹或鲎珠。在 4 亿年前的泥盆纪末期，鲎就问世了，它堪称海洋里的远古遗民，是一类与化石三叶虫一样古老的动物。由于它历尽沧桑却没有多少进化，至今仍保持着原始生物的老样子，因而被称为"活化石"。

鲎对"爱情"很专一，雌雄一旦结为夫妇，便形影不离。肥大的雌鲎，背驮着比它瘦小的"丈夫"，蹒跚爬行，因此获得"海底鸳鸯"的美称。北部湾一带的渔民都称它们为"俩公婆"。每年春深水暖，成群的鲎乘大潮从海底游到海滩生儿育女。有经验的渔民熟悉鲎的行动路线，事先在半路上布下了长长的渔网。鲎一旦遭到暗算，就插翅难逃，只好网中待毙。这些夫妻鲎，不论是从深海旅行到浅滩，还是被捕入"狱"，从来都是双宿双游，总不分开。最令人惊讶的是，当公鲎的尾巴被抓住时，这只公鲎紧紧抱住母鲎不放，母鲎也不愿弃夫而逃，结果它们一块儿被提出水面。

"夏眠"的海参

在浩瀚的海洋中，海参可称得上是生活习性很奇特的一族。从外观上看，它是一种管状的无脊椎动物，褐色的体表长满许多肉刺，既没有优美动人的体态，又没有高超的游泳技巧。它一般只能在海底缓慢地爬行、蠕动，是生活在海洋最底层、与世无争的一户"居民"。

海参虽然在海底默默无闻，不求名分，但却家丁兴旺，目前全球约有 800 多个品种。不过，这些品种大多会有毒素不可食用，它们中只有 20 余种才是宴席上的美味佳肴。例如，产于我国黄海、渤海的刺参和南海的梅花参便属于可食用的海参。

若论"性格"，海参是十分古怪孤僻的，它通常深居简出，只有泥沙地带和海藻丛中才是它们经常光顾和觅食的地方。一旦吃饱了喝足了，它就居住在波流稳定的岩礁孔隙中或大石板下。

海参一日三餐真是简单得不能再简单了，吃的尽是其他海生动物不屑一顾的泥沙、海藻以及微生物等。最令人感到不可思议的是，海参的再生能力极强，科学家曾对它做过试验，将其身体切成三段，然后放在海水中继续养殖，哪想半年时间过后，每一段海参不但仍然活着，而且都长成了一个完整的海参。更为奇妙的是，海参遇到敌人的袭击或者恐吓时，它居然会把自己的内脏通过肛门全部排出体外丢掉，以此迷惑敌人，自己却乘机逃之夭夭。海参丢掉了自己的内脏后并不会死掉，它照样可以活得好好的，过了几个月时间之后，它体内又能重新长出完整无缺的新内脏来。据观察，海参在其一生中，可反复多次排出内脏，又重新长出内脏。

陆地上的一些动物，比如说青蛙、蜗牛、蛇类等是选择冬季"冬眠"的，而海参却与之相反，偏选择夏季"夏眠"。此时，海参往往刚经历了"生儿育女"，体质虚弱，需要静养一番。它在夏眠期间，不吃也不动，腹部朝上，紧紧挨着海底岩石而眠。待到它一觉醒来时，陆地上早已是深秋了。

海参被捕捞上来时，身体往往较大，如果人们对它不及时进行加工处理的话，它便会慢慢地收缩变小，最后竟化成一摊汁水。原来，海参体内充满了海水和含有大量的蛋白质，这些蛋白质极容易分解变成水汁一样的各种氨基酸。为此，人们将海参捞上岸之后，通常需迅速去除其内脏，然后再用清水煮沸，并用食盐渍起来，再经过风干日晒，使之变成干品海参。

海陆空任我游的豹鲂鮄

鱼儿离不开水，这句话说明了鱼一生都在水中度过，所以说在水中游泳是鱼的本能。但是有的鱼除能在水中游外，还能在空中"飞"，如飞鱼；有的还能在海滩上跳，如弹涂鱼。能"飞"能跳的这些鱼只具有两项本领。豹鲂鮄却有爬、游、飞三项本领，可以说具有"海、陆、空"立体运动的能力。

豹鲂鮄胸鳍的3根鳍条是独立的，能够自由活动，它借助这3根鳍条在广阔的海底自由自在地爬行。同时这些独立的鳍条，也是豹鲂鮄的触觉器官，利用它们可以感知海底周围环境情况。由于这3根独立鳍条的特殊机能，因而驱动这些鳍条的肌肉也就特别发达。这就是物竞天择、自然选择的结果——器官用进废退。

当豹鲂鮄从海底爬行转为在水中游泳时，胸鳍及鳍前的三根独立鳍条就收拢，紧贴在体侧，以减少在水中的阻力。豹鲂鮄游兴达到高潮时，便以极快的速度冲出水面，继而展开"双翅"——胸鳍，在空中飞行。实际上豹鲂鮄的"飞"和飞鱼的"飞"都不是真正的鼓翼飞行，而只是依靠风力的作用。

"打洞专家" 威德尔海豹

栖息于南大洋冰区和冰缘的威德尔海豹是打洞专家。

威德尔海豹需要不断浮出水面进行呼吸，每次间隔时间为 10～20 分钟，最长可达 70 分钟。在无冰时，浮到水面呼吸很容易，然而，当海面封冻时，呼吸便成了威德尔海豹的一大难题了。当威德尔海豹被封在海冰或浮冰群的底层时，就无法随时浮出水面进行呼吸，它闷得无法忍受时，就不顾一切大口大口地啃起冰来。费尽了平生之力，啃出了一个洞，它才能钻出洞外，有气无力地躺着，尽情地呼吸着空气。然而，它的嘴磨破了，鲜血直流，染红了冰洞内外；它的牙齿磨短了，磨平了，磨掉了，再也不能进食，也无法同它的劲敌进行搏斗了。正是由于这种原因，本来可以活 20 多年的威德尔海豹一般只能活 8～10 年，有的甚至只活 4～5 年就丧生了。更严重的是，有的威德尔海豹还没有钻出洞口，就因缺氧和体力耗尽而死亡。

为了保存自己用鲜血和生命换来的冰洞，威德尔海豹每隔一段时间就要重新啃一次，避免洞口被再次冻结。这样，冰洞就成了它进出海洋、呼吸和进行活动的门户。

威德尔海豹用鲜血和生命换来的冰洞，是海洋学家进行海洋科学研究的极好场所。海洋学家可利用这些冰洞采集海水样品，从而进行海洋化学和海洋生物学的研究；还可以把各种海洋学仪器放进冰洞，进行海洋物理学等学科的研究。假如用人工钻这样一个冰洞，要耗费很多人力和物力。因此，人们把威德尔海豹称为打洞专家和海洋学家的有力助手。

"鱼身混叶" 的叶形鱼

为了防御敌人，许多鱼类都有自己特殊的自卫武器和保护身体的色彩，叶形鱼也是如此。

在南美洲的小河里生活着一种不大的鱼，外形像叶子，颜色与红叶树的老叶相同，头的前端生着一个形状和叶柄相似的小突起，看上去像一片树叶，当它穿行在小河两岸边的水草丛时，就像岸边树上掉下的一片叶子。这种鱼的行动也很奇特，没有任何游水的动作，在水中它好像是顺水漂浮，仔细观察，才能发现它们在频繁地摆动着鳍划水，它们的鳍很小，而且透明无色，在水中几乎看不出它们在摆动。

叶形鱼常常一动不动地躺在水底、几乎与落到水里的树叶毫无区别。当用网捞起它们时，它们也毫不动作，人们必须仔细挑出捞到的树叶，才能从中发现一些是"活"的——叶形鱼。早就听说过"鱼目混珠"，但像叶形鱼这种以"鱼身混叶"的还真不多见。

"共生的" 小丑鱼与大海葵

在我国南海地区生活着一群素有"小丑"之称的鱼类，它们属鲈形目雀鲷科双锯鱼属，其身体色彩艳丽，多为红色、橘红色，体长仅五六厘米。因为双锯鱼类的脸上都有 1 条或 2 条白色条纹，好似京剧中的丑角，所以俗称"小丑鱼"。但实际上它们身上的色彩特别艳丽，叫它们"小丑鱼"真不公平。

小丑鱼喜群体生活，几十尾鱼儿组成了一个大家族，其中也分"长幼"、"尊卑"。如果有的小鱼犯了错误，就会被其他鱼儿冷落；如果有的鱼受了伤，大家会一同照顾它。可爱的小丑鱼就这样相亲相爱，自由自在地生活在一起。但是自然生活中，它们却时时面临着危险，小丑鱼就因为那艳丽的体色，常给它惹来杀身之祸。

海葵属无脊椎动物中的腔肠动物，生活在浅海的珊瑚、岩石之间，多为肉红色、紫色、浅褐色。在海葵的触手中含有有毒的刺细胞，这使得很多海洋动物难以接近它。但由于行动缓慢，难以取食，海葵经常饿肚子。长期以来，小丑鱼与海葵在生活中达成了共识，小丑鱼穿行在海葵丛中，而当小丑鱼遇到危险时，海葵会用自己的身体把它包裹起来，保护小丑鱼。因为海葵的保护使小丑鱼免受其他大鱼的攻击，同时海葵吃剩的食物也可供给小丑鱼，而小丑鱼亦可利用海葵的触手丛安心地筑巢、产卵。对海葵而言，可借着小丑鱼的自由进出吸引其他的鱼类靠近，从而增加捕食的机会；小丑鱼亦可除去海葵的坏死组织及寄生虫，同时因为小丑鱼的游动可减少残屑沉淀至海葵丛中。在自然界像它们这种互相帮助、互惠互利的生活方式被称为"共生"。

两足直立行走的章鱼

美国研究人员报告说，他们发现印度洋底有两种章鱼在逃避猎食者时能用两只触手走路，并同时用其他6只触手做伪装。这是研究人员首次发现可以进行两足行走的水下生物。

美国加利福尼亚大学伯克利分校和印度尼西亚北苏拉威西省萨姆拉图兰吉大学的研究人员，是在研究水下动物运动的录像带时发现这两种章鱼的。其中一种是印尼条纹章鱼，大小如苹果。条纹章鱼遇到潜水者时，会以两只触手"行走"，其余6只触手包裹全身，使其看起来像一只滚动的椰子。另外一种章鱼来自澳大利亚，全身长满了棘刺，大小有如核桃。这种章鱼行走时，将两只触手高高举起，其他4只也抬高，用剩余两只快速地倒退行走，看起来像"一团踮着脚尖走路的海藻"。

研究人员在美国《科学》杂志上说，这两种章鱼的行走方式与章鱼通常的爬行方式不同。章鱼通常是将多只触手伸展在身体周围，靠触手顶端吸盘的推拉带动身体行动。研究人员认为，这两种章鱼的行走方式是一种逃生方式，不用于走路的6只触手起到伪装的作用，以逃脱捕食者的攻击。

此外，这次发现还对传统的动物行走理论提出了挑战。传统理论认为，动物必须具有肌肉，通过肌肉拉动坚硬的骨骼，才能行走。但是章鱼是没有骨骼和肌肉的。

章鱼的高超伪装术

章鱼有十分惊人的伪装能力，它可以随时变换自身的颜色和构造，使之和周围的环境协调一致。章鱼能利用灵活的腕足在礁岩、石缝及海床间爬行，有时把自己伪装成一束珊瑚，有时又把自己装扮成一堆闪光的砾石。有的章鱼还能迅速拟态成海蛇、狮子鱼及水母等有毒生物，避免攻击。

章鱼怎么会有这种魔术般的变色本领呢？原来在它的皮肤下面隐藏着许多色素细胞，里面装有不同颜色的液体，在每个色素细胞里还有几个扩张器，可以使色素细胞扩大或缩小。章鱼在恐慌、激动、兴奋等情绪变化时，皮肤都会改变颜色。控制章鱼体色变换的指挥系统是它的眼睛和脑髓，如果某一侧眼睛和脑髓出了毛病，这一侧就固定为一种不变的颜色了，而另一侧仍可以变色。

会放电的鱼

电鳗是生活在中美洲和南美洲河流中的淡水鱼。从外形上看，它像鳗鱼，但从解剖学的构造来鉴别，它更像一种接近鲤科的鱼类。电鳗身长 2 米，体重可达 20 千克，可以称得上是一种大鱼。

狡猾的电鳗通常是神不知鬼不觉地游近毫无戒备的鱼群和蛙类群体，然后突然放电杀伤猎物。

电鳗身怀绝技的奥秘就在于它能发电，在它的身体两侧的肌肉中，分布着一些特殊的发电器官，仿佛是活的伏特电堆：这种由多达 6 000 个的特殊肌肉组织薄片构成的肌体部件，由结缔组织在这些薄片之间间隔着，与这种发电器官连通着的还有遍布全身的神经网络。电鳗释放电能时的电压可达300伏特，这足以使河里的动物和人体，感受到电鳗的存在及其电流的刺激。

由于电鳗所电杀的猎物远远超出了它的好胃口所能容纳的食量，因而不少人认为电鳗是造成某些地方鱼类产量锐减的罪魁祸首。

电鳗不仅能发电，它的肉也味道鲜美，富有营养。为了捕获这种美味，人们总是先将一些家畜赶进河里，让电鳗在它们身上作无谓的放电，以消耗大量的电能。等到体力与电流均已减弱的电鳗已经失去了"电击"的杀伤力了，人们就可以放心大胆地下河施网捕鱼尝鲜了。

生活在非洲尼罗河里和西非一些河流中的电鲶，也是一种怀揣发电机的鱼类，所不同的是，它不像电鳗那样残杀无辜，它的放电"秘密武器"只限于用来自卫。当地居民甚至还将电鲶的"放电本事"当做是一种理疗风湿病的特殊医疗器械。

生活在尼罗河混浊水域里的长颌鱼具有电定位器，它们习惯于把脑袋扎进淤泥中觅食，这样在混水中洞察敌情就显得非常困难。可喜的是它们不仅有供捕食用的发电装置，还有电感应器官。它们的"发电站"每秒钟放电300次，在自身周围形成一个微弱的电场。由于它游动时身体不会弯曲，身体周围的电场便不会扰乱。一旦有大鱼来冒犯，电场的均匀性就被打乱了。鱼体比周围水域的导电性要好得多，电力线就会直指来犯者，长颌鱼的电感应器就会立刻报警。

长颌鱼这一定位器不仅使它们在逃避天敌攻击方面受益，同时也能帮助它正确导航、逾越障碍，正如蝙蝠拥有回声装置一样。对于鱼类而言，水域中的大多数障碍都是电的不良导体，电力线往往被这些东西阻挡。因此，尼罗长颌鱼总能把动物体与非生命体区分得泾渭分明，而不至于判断失误。

"美人鱼"儒艮

"美人鱼"这个名字，对于很多人来讲并不陌生，在安徒生童话中就有关于它的美好描写。然而，大多数人恐怕并不明白"美人鱼"的学名是儒艮，主要分布在红海、非洲东岸、孟加拉湾、亚洲东南沿海至澳大利亚。"美人鱼"的分布与水温、海流以及作为主要食物的海草分布有着密切关系，多在距海岸 20 米左右的海草丛中出没，有时随潮水进入河口，取食后又随退潮回到海中，很少游向外海。"美人鱼"多以 2～3 头的家族群活动，在隐蔽条件良好的海草区底部生活，定期浮出水面呼吸。烟波缥缈中，其呼吸或哺乳姿势形如少妇，因此得名"美人鱼"。远古渔民给"美人鱼"编织了许多美丽传说。

儒艮一般体长 2～3.5 米，重 300～400 千克，最大的可达 1 000 千克。它的身体呈纺锤形，头部较小，前端较钝，向后方倾斜；嘴巴朝腹面张开，唇上有短而粗的具有触觉功能的刚毛，这是用来搜索和选择食物的。鼻孔生在头的背面，左右并列，鼻孔内有结实的瓣门，可以阻止水的侵入，它的背面深灰色，腹面灰色，皮肤多皱纹，且长有稀而细的短毛。儒艮因以草为食，并且胃与陆地上的牛一样分 4 个室，所以被称为"海牛"。

儒艮喜欢生活在热带海藻丛生的海域或某些河流中，主要以各种海草及海藻为食，一般成对或结成 3～6 只的小群一起生活。在水下吃食物时，每隔几分钟浮出水面呼吸一次，它们多在黎明或黄昏时出现觅食，中午是绝对看不到的，白天它潜伏在 30～40 米深的浅海底，静如岩石。它们吃食物很有规律，所经之处水中植物都会被清除得一干二净，因而有人称它为"水中割草机"。

儒艮肉过去被人们视为美食，人类用它的上门齿制药，用来治疗食物中毒；用它的脂肪作燃料；用它的皮制革。由于它们分布面狭窄，数量本来就不多，加上人类毫无节制地捕杀，目前数量十分稀少，因此，儒艮已被列为国家一级保护动物。

慈爱的父亲——狮子鱼

狮子鱼生长在北海和巴伦支海的海域。它们的体长有 50 厘米，其外貌也并非慈眉善目，而名称也似乎给人以弱肉强食的凶残印象。可谁曾料想，雄性狮子鱼竟有一颗慈父心和呵护儿女的技艺。

自打雌性狮子鱼在退潮海水的边沿产卵之后，雄性狮子鱼就及时承担了父亲的责任和义务。除了要保护鱼卵免受凶猛动物的伤害外，还要在退潮时，口中含水喷吐到鱼卵上，以保持孵化所必需的湿润。偶尔，它们还使出用鱼尾拍击海水使溅起的水花喷洒鱼卵的绝招。鱼卵孵化出幼鱼后，它们的慈父爱心并未减退，仍然一如既往地陪伴、护卫在幼鱼群的左右。遇到险情，长着吸盘的幼鱼就向鱼爸爸游去，不一会儿工夫，鱼爸爸的周身就被吸附它身体的幼鱼密密麻麻地簇拥起来。看上去，它们父子间也不知道究竟是谁护卫谁了。慈父就这样满载着吸附周身的幼鱼，游向深海中的安全地带。

毒你没商量——危险的海洋动物

种类繁多的海洋动物，纵有千种风情，万般姿态，并非对人都无危险；纵有千种风味，万种营养，也并非都是无害的美味佳肴。估计每年约有 4 万～5 万人不幸被海洋动物伤害，还有 2 万多人因吃有毒的鱼、贝类而中毒，其中死亡者有近 300 人。因此，人们对这些危险的海洋动物应该有所了解。

杀人的水母刺胞

凶器：腔肠动物水母种类甚多，有上万种。它们体表都有一种特殊的细胞叫刺细胞。刺细胞里除细胞核等结构外，还有一种小小的囊状结构，叫刺胞。刺胞的形状有圆的、椭圆的，或像棒形香蕉等，一般长只有 5～50 微米，和人的红血球大小差不多，最大的也只有 1.2 毫米长，囊里包着毒素。

攻击方式：刺细胞向外的一端都有一根刺柄，犹如捕鱼叉的扳机，一受到触动，立即击发，将刺丝突然从囊内射出来，直刺受害者。虽然刺丝很细，穿刺力却很大，其冲力能达 30 千帕斯卡，所以能穿入人的真皮。

补救措施：若万一不慎被蜇，应尽快用酒精、10% 的福尔马林、稀释的氨水溶液或用糖、盐、橄榄油或干沙敷在受伤处的表面，或用干布用力擦拭干净，防止刺胞继续伤人，或在 45℃ 热水中浸泡 30～90 分钟，切忌用清水或湿沙擦洗。

吓人大于伤人的毒棘

代表毒族：海胆、海星、颊纹鼻鱼。

海胆的危险武器 2 种类型：一是针状的毒棘，二是叉棘。大多数危险海胆必具备其一或二者皆备。海胆全身长满了棘，但各种海胆间又有很大差别。多数种的棘是硬的，棘端圆而钝，没有毒腺。但有些种的棘细长而尖锐且是中空，如刺冠海胆的棘可长达 30 厘米。这种棘很容易断，刺伤皮肤断在其内，难往外取，抓取这种海胆是很危险的。

被刺后伤口异常疼痛，除因断下的棘留在皮肤内引起剧痛外，棘内的紫色毒液会注入皮肤，引起被刺部位皮肤红肿，较重者还会引起恶心、呕吐和腹泻，甚至失去知觉，吸吸困难，个别人还会死亡。所以在采集海胆时务必小心，一定要戴上厚厚的手套，防止被刺伤。

在棘皮动物中，有些海星能分泌带毒素的黏液，体面上覆有很多毒棘，被海星刺伤，会引起皮炎，且疼痛难忍。用猫做实验，被刺后几分钟就失去运动能力，两小时后痉挛而死。

体长 15 ~ 60 厘米的颊纹鼻鱼，生活在珊瑚礁中，用前端的小口吃着海藻的叶子，漂亮而温顺。但它的尾部两侧各有 1 枚矛状的棘，是由两片鳞演变而成，平时收拢在沟里，受到惊扰会竖起来，棘的后端固定在沟内，尖锐锋利的内缘就朝向前方。它像剃须刀一样锋利，常给敌人造成严重伤害。颊纹鼻鱼可能用这个棘刺杀其他鱼，但它是草食性的，所以棘更可能只是摆摆样子，做做姿态，起威慑作用。许多颊纹鼻鱼棘的周围还有显眼的颜色，标志出棘的轮廓。所以尾巴警告似的一摆，颜色一闪，棘一竖，就能吓跑来犯者。

剧毒的赤魟尾刺

凡见过赤魟的人都知道，在它鞭状的长尾基部，斜竖着一根刺棘，长度可达 4 ~ 30 厘米。这是一根毒棘，坚硬如铁，能像箭一样刺穿铠甲，若刺在树根上，能使树枯萎，若人不慎踩着赤魟时，它立即举起尾部将毒棘刺入人体。棘的后部连着毒腺，毒腺里的白色毒液就沿着棘的沟注入伤口，使人疼痛难熬，甚至晕倒在地，数分钟不省人事，有的人会因剧烈地痉挛而死。由于棘的两侧有锯齿状倒钩，造成的伤口特别大，可长达 15 厘米，约 14% 的受害者必须手术治疗，剧痛可长达 6 ~ 48 小时，并会出现虚弱无力、恶心和不安等症状。在美国每年约有 1 800 个遭赤虹刺伤的事例，死亡率估计为 1％。即使受难者侥幸生存了下采，也如患了一场大病，很久才能下地走路。

毒性如蝎的鬼鲉

鲉科鱼类约 300 多种，有 80 种是能对人造成伤害的。鬼鲉是珊瑚礁鱼类及鲉科鱼类中最漂亮的一种，长约 20 厘米，由于它常展开巨大的扇形胸鳍和镶嵌着美丽花边的背鳍慢慢地游动，形状如伸展羽毛的火鸡，国外也称它火鸡鱼。鬼鲉的有毒器官是鳍棘。鬼鲉的毒棘短而粗，棘上端 1/3 明显变粗，这里就是毒腺。鬼鲉的毒剧如蝎，俗称海蝎子。它虽然形象丑陋，面目可憎，但颜色鲜艳，且能随环境而改变，这是它对环境的适应，又是一种伪装。鬼鲉栖于潮间带至 90 米深的浅水海湾或近岸处，不大活泼，经常潜伏于岩石缝隙、珊瑚礁、海藻丛中时，看上去就像是一块岩石或一族杂藻，不大引人注意。只有当人们无意中摸着或踩着它而被刺伤后才会发现它。若把它从水里取出来，它立即把背鳍棘高高竖起，张开带棘的鳃盖，展开胸鳍、腹鳍和臂鳍，样子吓人，不过胸鳍棘无毒。鬼鲉的毒性剧烈，人被刺伤后，会引起晕厥、发烧、神经错乱、吐胆汁，厉害的还能引起心脏衰竭、血压降低、呼吸抑制，在 3～24 小时内甚至会引起死亡。鲉科鱼类的毒素多是一些对热很敏感的蛋白质形成的，很容易在高温条件下被破坏。所以被刺后一个简便易行的急救办法是尽快将伤口处放在 45℃ 以上热水中浸泡 30～90 分钟，可以缓解疼痛，然后再尽快就医或作其他处理。

"海底刺客" 海胆

人们习惯于把海胆称为"海底刺客"，这首先与它的长相有关。

海胆是一种古老的生物，与海星、海参一样同属棘皮动物，它的身体呈圆球状，有坚硬的外骨骼，全身长满尖而长的刺，每根刺的基部有活动的关节，所以，根根长刺都可用于行走。它走起路来，像一只刺猬，所以人们把它叫做"海底刺猬"。

当然，把海胆称为"海底刺客"的主要原因，还在于它那周身能够运动的刺，刺是它猎食和防敌的武器。

在热带，有一种著名的毒海胆，叫海针，棘尖而细，能穿透人的皮肤，如果折断在皮肤内，会令人痛得发晕。我国南海有一种毒棘海胆也有剧毒，所以，渔民对这个海底刺客望而止步。

然而，海胆虽然"长相"令人生畏，但它却是一种上乘的海鲜。无论从口味、营养、药用等方面，都可与海参、鲍鱼相比。每年5~8月是海胆最肥壮和最适宜采捕的季节。海胆的可食部分是它的生殖腺。雌体深黄色的卵巢和雄体灰白色的精囊都可食用，被日本人称为最佳海味，其营养价值也很高，除含有41%蛋白质外，还含有钙、磷、铁、多种维生素，以及泛酸、叶酸、卵磷脂、胡萝卜素等。因此，国际市场上需求量大，价格昂贵，在日本每千克海胆卵售价高达5 000日元以上，居海产品售价之冠。我国出产的海胆卵系列食品如蓝渍海胆、酒海胆、海胆酱等享有盛誉。

食用海胆卵，能促进唾液分泌，有健胃和消食双重功能，对胃和十二指肠溃疡，有消炎和加速溃疡愈合的治疗作用，海胆的棘壳亦可作药用，从棘刺中提取的一种毒素具有调节心肌神经活动和激活心肌功能的药效。目前，用海胆提取物抑制人类癌细胞生长的研究，正在我国有关部门积极进行。

海胆多数可供食用，如紫海胆、黑海胆、光棘海胆等，但是，也有不少海胆种类因含毒素而不可供食。无毒海胆和有毒海胆的主要区别在于外表和体色。有毒海胆的外表比可食海胆鲜艳美丽，多种色彩，分选时不难辨认。另外，采捕海胆时，须防刺手指。

灵巧活泼的鸟类
LINGQIAO HUOPO DE NIAOLEI

在大自然中，鸟是所有脊椎动物中外形最漂亮，声音最动听，深受人们喜爱的一种动物。从冰天雪地的两极到空气稀薄的世界屋脊，从波涛汹涌的海洋到苍翠茂密的丛林，从寸草不生的沙漠到人烟密集的城市，几乎都有鸟类的踪迹。

在动物学中，鸟的主要特征是：身体呈纺锤形，大多数飞翔生活。体表被覆羽毛，一般前肢变成翼；胸肌发达；直肠短，食量大消化快；心脏有两心房和两心室，心搏次数快。体温恒定。呼吸器官除具肺外，还有由肺壁凸出而形成的气囊，用来帮助肺进行双重呼吸。

鸟的种类繁多，全球分布，在脊椎动物中仅次于鱼类。目前全世界为人所知的鸟类一共有9 000多种，而中国有1 300多种。鸟类可分为三个总目：突胸总目，包括两翼发达能飞的鸟，绝大多数鸟类属于这个总目；平胸总目，善走而不能飞的鸟，如鸵鸟；企鹅总目，善游泳和潜水而不能飞的鸟，如企鹅。

"一妻多夫"的红颈瓣蹼鹬

鸟类世界中的占90%以上的绝大多数种类的婚配都是"一夫一妻"制，也有大约2%的种类过着"一夫多妻"制的父系群聚生活，但还有0.4%左右的种类为罕见的"一妻多夫"制。在一雌多雄制鸟类中，性选择主要是对雌鸟起作用，而不是对雄鸟，因为在这些鸟类中生殖成功率主要决定于雌鸟，而性选择则有利于提高雌鸟的竞争能力。

红颈瓣蹼鹬是"一妻多夫"制的典型代表，它是一种小型海洋性水禽，体长只有18～19厘米，以水生昆虫为食。它在北极地区繁殖，在热带地区越冬，春秋迁徙季节途径我国境内。它的体形秀美，嘴细而尖，呈黑色。脚也是黑色，脚趾上具有像花瓣一样的蹼。由于种群内部的性选择主要是对雌鸟起作用，所以表现雌雄外形差异的性二型分化也恰好同大多数鸟类相反：它的雌鸟不但身躯长得比雄鸟高大强壮，羽色也比雄鸟美丽多彩，尤其是到了繁殖季节。这时雌鸟虽然身体的羽毛仍然以灰黑色为主，但眼上出现了一小块白色的斑块，背、肩部有4条明显的橙黄色纵带，前颈呈鲜艳的栗红色，并向两侧往上一直延伸到眼后，形成一条漂亮的栗红色环带。雄鸟的羽色虽然看上去同雌鸟类似，但颜色却十分平淡。

繁殖期的求偶炫耀行为也是由雌鸟主动表露，表现得特别兴奋，围着雄鸟转来转去，并作出各种炫耀姿态，尽力讨得雄鸟的欢心。如果此时有其他雌鸟闯入，它们之间便没有了往日的和气、温顺和羞涩，常常为争夺雄鸟挥动"粉拳"大打出手，上演一场"抢新郎"的闹剧。而那些雄鸟们完全没有一点点"男子汉"的气概，只是悄悄地站在一旁看热闹。雌鸟们的决斗经常斗得天昏地暗，难解难分，直到失败的一方狼狈逃窜之后，获胜的雌鸟才昂首挺胸，带领着争抢到的"丈夫"们在其早已占领的地盘内筑巢安家，欢度蜜月。在筑巢的时候，作为"新郎"的雄鸟们不停地为巢中衔回草根、草叶，十分辛苦。而"新娘"却一反求婚时的讨好姿态，躲在一边袖手旁观。等到产卵之后，雌鸟更是不辞而别，抛夫弃子，另择新婚去了。只留下雄鸟老老实实地趴在巢中，承担起全部孵卵、育雏的重任。因此，对于红颈瓣蹼鹬来说，传统的"雌雄"的地位和观念完全被"颠倒"了，它们不仅是"一妻多夫"，而且是"女尊男卑"，雌鸟在种群中以完全主宰的面目出现，具有压倒优势的地位，拥有许多"男妃"，过着"女王"一样的生活。

由于红颈瓣蹼鹬的卵经常会由于捕食和气候反常而遭受很大损失，雌鸟都具有较强的迅速产出第二窝补偿卵的能力，来与这种环境特点相适应，当然这些卵仍然需要雄鸟来看护和孵育，这种以雌鸟为主的繁殖特征很有点"母系社会"的味道。由于雄鸟承担全部抚育后代的工作，雌鸟则从繁重的孵卵、育雏工作中"解放"出来，专职产卵，客观上就增加了产卵量，从而确保可以多留一些后代。这是长期的进化过程中所发展起来的一种对捕食者掠夺卵和幼雏的适应。表面上雌鸟似乎是个"狠心无情"、"喜新厌旧"的"坏女人"，实际上则对整个种族的发展有很大的贡献。

鸽子不迷路之谜

飞鸽千里传书，燕子秋去春来，这些都是人们常见熟知的现象。记载中记述，曾有一只鸽子由西非出发飞行了5天半经过9000多千米的长途返回英国老家之中。极地燕鸥每年往返于南北极之间。让人们迷惑不解的是，这些鸟是根据什么能够年复一年、准确地返回它们的繁殖或越冬地区的？

动物学家们和其他学科的专家们花费了许多年的时间，尤其是近数十年间将大量技术先进的新监测设备甚至人造卫星，应用到这项研究之中。这才初步搞清了动物迁移中的导航机制，像海龟、鲣鸟以及椋鸟等是依靠太阳或星辰做导航的，蚂蚁、蜜蜂是利用偏振光来定向的。有关鸽子的研究表明，鸽子在晴空万里之时可依太阳位置作为航标，在乌云密布或夜幕之中，它也可以凭借地球磁场的差异而准确地向家乡前进。科学家们通过观察和试验也发现，如果迁飞途中的鸽子遇到功率强大的无线电发射台站，那么它们立即会晕头转向、失去正确的航向。它们会围绕电台盘旋，等到电台电磁波间断，它们才能逃脱这无形的网络而重新辨明方向前进。如果在鸽子头顶缚上一块强力的磁铁，鸽子也会像碰到电台电磁波一样失去正确的返巢方向，这就充分证明了磁场是鸽子迁飞的主要导航标志。

科学家又发现，每当地球磁场由于太阳磁暴的影响引起哪怕是小于100伽玛的极其微弱的变化，也足以影响鸽子返巢的准确性，这说明鸽子这只活罗盘是多么灵敏，性能之好实在令人惊叹。那么鸽子怎样感受到磁场的变化？什么器官能感受磁场变化？这种器官的结构怎样？在鸽子身体的哪一部分？这些是动物学家正全力探讨的问题。德国细胞学家在研究细胞表面电荷情况时发现：在细胞表面放置一种能够导电的盐溶液，细胞就可以在电场中运动。如果此时外加一个磁场，那么，细胞就会随磁场的位置移动而移动，并且在细胞移动的过程使溶液中诱导出相应的电流来，这电流的大小与磁场强度大小紧密相关，电流大小对于磁场的敏感度不论在磁场的方向和强度上可以精确到地球磁场强度（极微弱的）的1/10它都会有反应。

德国细胞学家的这项研究成果，启发了研究鸟类迁飞机制的动物学家们，他们认为这也可能正是鸽子能够利用地磁导航的这只生物罗盘的模型。

很可能在鸽子的脑子里某一部分，有一批由相互平行排列的神经细胞构成的一只"生物罗盘仪"，每当外界磁场发生变化时，这批细胞就能在磁场诱导下发生不同强弱的电流，最后生物电再被另一特殊的感受器接收，使得鸽子得到一个航向的信息，引导鸽子判明方向径直返巢而去。这样一个推论似乎是可信的，至于这一推论是否如实地反映出鸽子"活罗盘"导航机制的实质，有待进一步证实。

天生舞蹈家丹顶鹤

每年3月末4月初，当丹顶鹤到达繁殖地后不久，即开始配对和占领巢域，雄鸟和雌鸟彼此通过在巢域内的不断鸣叫来宣布对领域的占有。求偶时也伴随着鸣叫，而且常常是雄鸟嘴尖朝上，昂起头颈，仰向天空，双翅耸立，引吭高歌，发出"呵，呵，呵"的嘹亮声音。雌鸟则高声应和，然后彼此对鸣、跳跃和舞蹈。它们的舞姿也很优美，或伸颈扬头，或屈膝弯腰，或原地踏步，或跳跃空中，有时还叼起小石子或小树枝抛向空中。

跳舞的丹顶鹤

丹顶鹤的舞蹈大多是由几十个、几百个动作的连续变幻，因此妙不可言。南北朝时宋文学家鲍照在《舞鹤赋》中用"众变繁姿"、"态有遗妍，貌无停趣"、"轻迹凌乱，浮影交横"的句子来赞美丹顶鹤的舞蹈，说它那"始连轩以凤跹，终宛转而龙跃"的舞姿使得风流善舞的"燕姬色沮相形见绌"。丹顶鹤如此动人的舞姿，自然也要引起古代艺术家们的喜爱，在河南南阳汉画馆珍藏的汉砖《鹤舞》上，就有对双鹤舞姿的生动描绘。

丹顶鹤的舞蹈往往从略带紧张的注目姿势引起的弯腰开始，有时增加一个并行动作。由行走中的弯腰、展翅到跳跃动作的产生，表明舞蹈的开始。也有的就从叼捡食物开始，这足以说明古人的"食化"教舞，并非妄谈。中途加入伙伴的舞列，往往以快步行走，拍打翅膀为信号。舞蹈中一半有固定的对象，也有不断替换伙伴的集体舞。在有伙伴的舞蹈中，一般都是一方弯腰，对方就做伸腰抬头或跳跃等高位置动作，双方交替进行。但在节奏失调时，双方也同时做同样的动作。集体舞中常有跳踢、追逐赛跑，并伴有快速拍打翅膀的鞠躬和连续的屈背动作，当屈背中止时，立即进入弯腰动作。

丹顶鹤舞蹈的全部生态意义目前尚不十分清楚，但显然并不只是一种求爱行为，而很可能是某种情绪或刺激在特定场合下的外部表现形式。舞蹈的主要动作有伸腰抬头、弯腰、跳跃、跳踢、展翅行走、屈背、鞠躬、衔物等，但姿势、幅度、快慢有所不同。而这些动作及其后续动作，又都有机地结合在一起，如弯腰—伸腰抬头—头急速上下摆动；展翅—伸腰抬头—弯腰；伸腰抬头—弯腰—脚朝下跳跃；展翅弯腰—弯腰行走—颈部和身体呈"八"字形展翅衔物—展翅行走；衔物—跳跃抛物—不变位的体旋转，靠腿力或扇翅做跳跃，弯腰动作等。这些动作大多都有比较明确的目的，例如鞠躬一般表示友好和爱情；全身绷紧的低头敬礼，有表示自身的存在、炫耀、恐吓之意；弯腰和展翅则表示怡然自得、闲适消遣；亮翅有时表示欢快的心情等。

丹顶并无毒

自古以来，丹顶鹤头上的"丹顶"常常被认为是一种剧毒物质，称为"鹤顶红"或"丹毒"，一旦入口，便会致人于死地，无可救药。

事实果然如此吗？有人曾经做过试验，在小动物的食物中加入了丹顶鹤的"丹顶"的细屑。小动物们吃了以后并没有什么异常的反应，这至少说明了"丹顶"并没有剧毒。相反，人们发现鹤肉、鹤骨和鹤脑可入药，但都无毒，而且都是滋补增益的良品。

其实，丹顶鹤达到性成熟后会出现"丹顶"，因此完全是一种正常的生理现象，是由垂体前叶分泌的促性腺素作用于生殖腺，促其分泌性激素作用的结果。

那么，古人所说的"丹毒"或"鹤顶红"到底是什么物质呢？其实这些东西就是砒霜，即不纯的三氧化二砷，红色，有剧毒，"鹤顶红"只是古人对砒霜的一个隐晦的说法。

飞不起来的鸵鸟

鸵鸟是现存体型最大的鸟类，体重100多千克，身高达2米多。要把这么沉的身体升到空中，确实是一件难事，因此鸵鸟的庞大身躯是阻碍它飞翔的一个原因。鸵鸟的飞翔器官与其他鸟类不同，是使它不能飞翔的另一个原因。鸟类的飞翔器官主要有由前肢变成的翅膀、羽毛等，羽毛中真正有飞翔功能的是飞羽和尾羽，飞羽是长在翅膀上的，尾羽长在尾部，这种羽毛由许多细长的羽枝构成，各羽枝又密生着成排的羽小枝，羽小枝上有钩，把各羽枝勾结起来，形成羽片，羽片扇动空气而使鸟类腾空飞起。生在尾部的尾羽也可由羽钩连成羽片，在飞翔中起到舵的作用。为了使鸟类的飞翔器官能保持正常功能，它们还有一个尾脂腺，用它分泌油质以保护羽毛不变形。能飞的鸟类羽毛着生在体表的方式也很有讲究，一般分羽区和裸区，即体表的有些区域分布羽毛，有些区域不生羽毛，这种羽毛的着生方式，有利于剧烈的飞翔运动。鸵鸟的羽毛既无飞羽也无尾羽，更无羽毛保养器——尾脂腺，羽毛着生方式为全部平均分布体表，无羽区与裸区之分，它的飞翔器官高度退化，想要飞起来就无从谈起了。

那么鸵鸟的飞翔器官为什么会退化呢？这要从鸟类的起源说起。据推测大约在2亿年前，有一支古爬行动物进化成鸟类，具体哪一种爬行动物是鸟类的祖先，尚无定论。随着鸟类家族的繁盛以及逐渐从水栖到陆栖环境的变化，在适应陆地多变的环境的同时，鸟类也发生了对不同生活方式的适应变化，出现了水禽如企鹅，涉禽如丹顶鹤，游禽如绿头鸭，陆禽如斑鸠，猛禽如猫头鹰，攀禽如杜鹃和鸣禽如喜鹊等多种生态类型，而鸵鸟是这么多种生态类型的另一种类型——走禽的代表。长期生活在辽阔沙漠，使它的翼和尾都退化，后肢却发达有力，使其能适应沙漠奔跑生活。自然法则是无情的，只能适应而不可抗拒。如果鸵鸟的老祖宗硬撑着在空空荡荡的沙漠上空飞翔，而不愿脚踏实地在沙漠上找些可吃的食物，可能早就灭绝了。退一步讲，如果大自然最早把鸵鸟的老祖宗落户在树林里而不是沙漠上，鸵鸟也许不会成为不会飞的鸟类，但也许它也不会称之为鸵鸟了。

在新西兰还栖居着一种人们不大熟悉的鸟，这种鸟叫几维，也叫无翼鸟，它的翅膀几乎完全退化，没有任何运动功能，几维无翼，自然也是一种不会飞的鸟了。

雌杜鹃借巢生蛋

世界上约有 50 种杜鹃在别的种类的鸟窝里下蛋，这种巢寄生的现象，使杜鹃落得了一个"不愿抚养亲生孩子"的坏名声。其实，生活在印度和美洲大陆的杜鹃，并不是不负责任的父母，对于垒窝筑巢、孵卵和喂养雏鸟的义务，它们都是亲力亲为、尽责尽职的。

奎氏杜鹃中就有在同种中找窝寄生孵卵的个别"懒汉"，并败坏了整个种群的名声。

在北美洲定点繁殖的黄嘴杜鹃，由夫妻共同筑巢。由于雌鸟每个繁殖期能生产 10 个蛋，但下蛋的间隔时间很长，以至于常常会使雏鸟和新生蛋混杂在同一个窝内。喂养雏鸟使雌鸟无暇再顾及孵蛋，却又要把蛋下完。于是黄嘴杜鹃就染上了将蛋寄存在邻居——不同种类的鸟巢的"坏毛病"。

还有的杜鹃从不筑窝。眼见别的鸟住房条件优越，它就会去"占窝为王"。这种不道德的行为倒是促使它们在孵卵、饲喂雏鸟的亲身经历中重新找到了"为鸟父母"的感觉。

非洲生长着一种大斑杜鹃，善于选择"保姆"为它们孵卵、喂养雏鸟。一旦小鸟羽丰振翅，大斑杜鹃又会把自己的子女从"保姆"手中领走，按照固定的模式养育后代。

生活在俄罗斯的杜鹃在生儿育女方面，获得了 150 种鸟的无私援助。但每个鸟窝只寄养一个蛋。它们善于选择蛋的大小与色泽与自己相类似的鸟种作为养父养母的"最佳人选"。

鸵鸟遇敌埋头的真相

有这么一种说法，遇到危险时，鸵鸟会把头埋入草堆里，以为自己看不见就安全。此即所谓"鸵鸟心态"，形容那些逃避现实，不敢面对问题的懦弱行为。

事实上这是没有科学依据的。鸵鸟生活在炎热的沙漠地带，那里阳光照射强烈，从地面上升的热空气，同低空的冷空气相交，由于散射而出现闪闪发光的薄雾。平时鸵鸟总是伸长脖子透过薄雾去查看，而一旦受惊或发现敌情，它就干脆将潜望镜似的脖子平贴在地面，身体蜷曲一团，以自己暗褐色的羽毛伪装成石头或灌木丛，加上薄雾的掩护，就很难被敌人发现。另外，鸵鸟将头和脖子贴近地面，还有两个作用，一是可听到远处的声音，有利于及早避开危险；二是可以放松颈部的肌肉，更好地消除疲劳。

巧夺天工的是建筑师

像人类要盖房子安家一样，鸟类的居室其实就是它的窝巢。盖什么样的房子，用什么建筑材料构建居室，以及把房子建在什么地方，百鸟百态，十分有趣。

燕子在鸟类中称得上是大师级的能工巧匠。它以巧夺天工的泥塑工艺来建"房"，用口中吐出的天然黏合剂——唾液，把一嘴接一嘴衔来的一小团一小团的泥土和黏土来黏结成型。半球形的巢是家燕的栖息空间；毛脚燕的"居室"上部封闭不见天日，出入经过侧门；金丝燕盖"房"用料考究，它口衔嘴叼，用自身的唾液混合海藻筑巢，难怪人们都将这种上等"进口"材料盖的房当做滋补珍品享用，不知有多少燕窝葬身于人腹，好端端的"房子"硬是让嘴馋贪吃的人吃掉了。一种名叫格伐杰玛的雨燕用植物的纤维和唾液筑巢，由于选用了质轻而又极具韧性的建筑材料，因此这种"房子"可以高高地悬挂在细小的树枝上。攀雀的巢也都悬挂在细长的树枝上，它是用植物的茸毛建造的，质地更柔软更轻巧，看上去攀雀的居室更像是羊毛毡子制成的曲颈瓶。住在这样的房子里，它们便成了"瓶中鸟"，而不是通常所说的"笼中鸟"了。

椋鸟、啄木鸟、鸮和山雀都是在树洞里安家建房的。它们当中，只有啄木鸟是靠自己的辛勤劳动，即用嘴啄出树洞来居家，其余的鸟都是不劳而获地利用啄木鸟用过的旧树洞或天然形成的树洞，这样它们就只能一辈子都住旧房子了。

翠鸟和灰沙燕专门选择在陡峭的河岸上凿洞挖穴，它们在不辞辛劳挖掘出来的狭长洞穴的尽端，拓展出一个较大的空间。有的时候翠鸟也选用鱼骨和鳞片作为室内装修材料。

雕、鹰和鸢是一些性情凶猛的禽类，别看它们体形硕大，盖的"房子"也很宽敞亮堂，但工程质量却很糟糕。它们的巢是用粗细不等、长短不齐的树枝搭起来的，看上去就像是人们盖楼房搭起的脚手架一样，既简陋又很粗糙。与之形成鲜明对照的是，在俄罗斯有一种极普通的鸟燕雀，却精心设计、精心施工，建造了极为精致的居室，它们精选建材，将地衣、青苔和榆树皮由表及里地编织成了精美绝伦的房子，这种鸟巢伪装得就好像生长着地衣的树干和树枝。

值得一提的是非洲厦鸟，单从名字里的一个"厦"字就可以看出它们的建筑天赋。厦鸟结成群体共同建造一个伞形的公共棚屋，然后再在同一个屋顶下，成双结对的鸟又各自分别盖自己的小屋——挂巢，这种集体宿舍楼似的鸟巢（公共棚屋）外形像一口大钟，而各自独立的挂巢又像是钟摆，风儿吹来，似乎还会发出金属的声响呢！

珍贵无比的燕窝

可食的燕窝，不是普通燕子的窝，而是金丝燕的窝。金丝燕喉部有很发达的黏液腺，所分泌的唾液可在空气中凝成固体，是它们筑巢的主要材料。

金丝燕第一次筑的巢完全是靠它们喉部分泌出来的大量黏液逐渐凝结而

成的，质地纯洁，这种燕窝的质量最佳，是燕窝中的上品。在过去，常常被选出来作为进献的贡品，因此取名"官燕"。

燕窝被采走后，金丝燕不得不第二次筑巢，因临产卵期较近，它们衔来羽毛、小草等与喉部胶状物混同一起再次筑巢，筑得比较粗糙，含有杂质较多。此时采收的燕窝称为"毛燕"。

另有一种燕窝被所附红色岩石壁渗出的红色液体渗润，通体均成暗红色，也叫"血燕"或"红燕"，含有若干矿物质，营养好，产量极少，被视为燕窝中的珍品。

看重"礼物"的北极燕鸥

北极燕鸥是一种可爱而优雅的海鸟，分布于欧洲、非洲西部、亚洲北部、北美洲、南美洲、大洋洲和南极洲等地，栖息于沼泽、海岸等地带。成群活动，以鱼、甲壳动物等为食。它的体长为33～38厘米。头顶、枕部黑色，上体淡灰色，腰部白色，翅膀尖端黑色。尾羽白色，下体灰色。虹膜黑色，嘴红色，脚红色。

北极燕鸥的繁殖期为6～7月。此时，雌燕鸥常向雄燕鸥乞求食物，雄燕鸥对此做出反应的频率被雌燕鸥看做是它做父亲的能力的测量尺度。在繁殖季节开始时，雄燕鸥挥动着轻快的翅膀在鸟巢的聚集地上空盘旋，向配偶展示着自己。每个尖叫着的鸟的血红色的嘴里都衔有一条刚捕捉到的鱼，希望以此吸引尚未进行交配的雌鸟的注意。然而，雄燕鸥在吸引到雌燕鸥的注意前，是不会轻易丢掉得之不易的礼物的，一旦它把礼物贡献给钟情于它的雌鸟，它们在随后的大部分时间将一起生活在繁殖地。此时，雄鸟不停地被吵闹的雌鸟烦扰，雌鸟令雄鸟交出它的捕获物的一大部分给自己。雌鸟做出选择的判断依据，可能就是嘴里含着晃动的银色礼物（小鱼）的雄鸟回到雌鸟身边的频率。在求偶的最后时期里，雌鸟的大部分时间都花在夫妻俩自己的领地里，产下一窝卵并守护着它们，此时雄鸟的捕鱼能力就要经受考验了。为了给它的配偶喂食，它不停地往返于捕食的场所和繁殖地之间。

雄鸟在幼鸟刚刚孵化出来以后的那段时间里显得尤为重要，因为那时雌鸟要日夜不停地孵卵，所以雄鸟又一次担当起了鱼虾提供者的角色。大部分的雌鸟都是产 3 枚卵，在条件好的年份里一对燕鸥能够成功地使前两个卵孵化出来。但是第三枚卵的命运通常是安危未定的。刚孵化出的幼鸟能否存活，与供它们在其中进行早期发育的卵的大小、雄鸟喂养家庭的勤劳程度密切相关。它们的生存前景在以下两种情况下会更好些，一是年幼的燕鸥从相对较大的卵内孵化出来，卵的大小能反映出在求偶时期雄鸟对雌鸟的饲喂情况；或者是当这些幼鸟出生后，雄鸟保持一种持之以恒的状态提供鱼。显而易见，这两者是有相互联系的。一只雄性北极燕鸥如果在其配偶的产卵期能够提供良好的食物，那么它在以后的日子里也会是一个出色的食物提供者。许多结合在一起的燕鸥，在求偶时的早期就又分开了，可能是因为雌鸟认为雄鸟的能力弱，不是合格的配偶。

孵蛋的企鹅爸爸

在庞大的动物世界中，雌性生儿育女似乎是一种本能和天职，人们对这种天经地义的事情也早已习以为常了。然而，帝企鹅却打破了常规，创造了雄企鹅孵蛋的奇迹，这不能不说是动物界的一大奇观。

雌企鹅在产蛋以后，立即把蛋交给雄企鹅。从此，雌企鹅的生育任务就告一段落了。事隔一两日，雌企鹅放心地离开了温暖的家庭，跑到海里去觅食、游玩和消遣了。因为它在怀孕期间差不多 1 个来月没有进食，精神和体力的消耗十分严重，也该到海里去休息一下，饱餐一顿，恢复体力了。

孵蛋对雄企鹅来说的确是一项艰巨的任务。因为企鹅的生殖季节，正值南极的冬季，气候严寒，风雪交加。企鹅的生殖期选在南极冬季，是因为冬季敌害少一些，能提高繁殖率，同时，到小企鹅生长到能独立活动和觅食时，南极的夏天就来临了，小企鹅可以离开父母，过自食其力的生活了，这也是企鹅适应南极环境的结果。

在孵蛋期间，为了避寒和挡风，几只雄企鹅常常并排而站，背朝来风面，形成一堵挡风的墙。孵蛋时，雄企鹅双足紧并，肃穆而立，以尾部作为支柱，分担双足所承受的身体重量，然后用嘴将蛋小心翼翼地拨弄到双足背上，并轻微活动身躯和双足，直到蛋在脚背停稳为止。最后，从自己腹部的下端奄拉下一块皱长的肚皮，像安全袋一样，把蛋盖住。从此，雄企鹅便弯着脖子，低着头，全神贯注地凝视着、保护着这掌上明珠，竭尽全力、不吃不喝地站立60多天。一直到雏企鹅脱壳而出，它才能稍微松一口气，轻轻地活动一下身子，理一理蓬松的羽毛，鼓一鼓翅膀，提一提神，又准备完成护理小企鹅的任务。

刚出生的小企鹅不敢脱离父亲的怀抱擅自走动，仍然躲在父亲腹下的皱皮里，偶尔探出头来，望一望父亲的四周，窥视一下周围冰天雪地的陌生世界，很快就把头缩回去了。雄企鹅看到那初生的小宝贝，露出了幸福美满的笑容。1周之后，小企鹅才敢在父亲的脚背上活动几下，改变一下位置。在这期间，小企鹅没有食吃，只靠雌企鹅留给它体内的卵黄作为营养，维持生命，所以经常饿得喳喳叫，甚至用嘴叮啄雄企鹅的肚皮。然而，小企鹅哪里知道，在长达3个月的时间里父亲所受的苦难和付出的代价：冒严寒顶风雪，肃立不动，不吃不喝，只靠消耗自身贮存的脂肪来提供能量和热量，保证孵蛋所需要的温度，同时维持自己最低限度的代谢。在孵蛋和护理小企鹅期间，一只雄性帝企鹅的体重要减少10～20千克，即将近体重的1/2。

雌企鹅自从离别丈夫之后，在近岸的海洋里，玩够了，吃饱了，喝足了，怀卵期的损耗也得到了弥补，又变得心宽体胖，精神焕发。一想到它的宝贝快要出世了，便匆匆跃上岸来，踏上返回故居之路，寻找久别的丈夫和初生的孩子。然而，此时此刻，雌企鹅可曾想到，它的家庭成员是祸还是福，是凶还是吉？

雄企鹅孵蛋的孵化率很难达到100%，高者达80%，低者不到10%，甚至有"全军覆没"的惨相发生。这倒不是由于雄企鹅的"责任"事故，也不是由于它孵蛋的经验不足、技术不佳，主要是由于恶劣的南极气候和企鹅的天敌所致。

造成灾害的气候因素有两个，一是风，二是雪。企鹅孵蛋时若遇上每秒50～60米的强大风暴，就难以抵挡，即使筑起挡风的墙也无济于事。可以想象，强大风暴能刮走帐篷，卷走飞机，使建筑物搬家，把一二百千克重的物体抛到空中，更何况小小的企鹅呢！遇到这种天灾，只能落得鹅翻蛋破，幸者逃生。特别是雪暴，即风暴掀起的强大雪流，怒吼着、咆哮着、奔腾着、横冲直撞地袭击着一切，孵蛋的企鹅不是被卷走就是被雪埋，幸存者屈指可数。

企鹅的天敌也有两个，一是凶禽——贼鸥，二是猛兽——海豹。虽然，企鹅选择在南极的冬季进行繁殖，是为了避开天敌的侵袭，但是，天有不测风云，企鹅也有旦夕祸福。冬季偶尔也会有天敌出没，万一孵蛋的企鹅碰上这些凶禽、猛兽，也是凶多吉少，不是企鹅蛋被吞，就是蛋碎。这种悲惨景况，时有发生。

企鹅为何不怕冷

南极是地球上最寒冷的地方，然而企鹅却能在这里悠然地生活着，凭借的是什么呢？

尽管南极的冰面非常冷，但是企鹅站在上面却毫无感觉，这是因为企鹅脚的血管构造比较特殊，是动脉和静脉相互缠绕并贯穿组织，这样热的动脉血会与冷的静脉血发生热交换，企鹅的这种变温能力，避免了由于局部温度过低而引起的组织坏死。

企鹅全身长满了又密又厚的羽毛，羽毛的尖端是弯弯的，像房顶上的瓦片一层压一层，连水都透不进去。在这层羽毛下面还生有密密的绒毛，有了这么好的羽毛，企鹅就像穿了厚厚的羽绒大衣，又防水保温，不怕寒冷。同时，企鹅的身上又有厚厚的脂肪，也能起到保温的作用。另外，企鹅的皮下脂肪层也格外肥厚，用以隔绝体外寒冷的低温，有极好的保温效果。

寒冬孵卵的交嘴雀

一般鸟类都选择在春暖花开的季节生儿育女，而交嘴雀却与众不同，偏偏选择在夏天和寒冬时节。交嘴雀把鸟巢构筑在枫树上。冬季，不管是冰霜雪雨，抑或是寒风刺骨，交嘴雀的雌鸟都会忠于职守地在鸟巢中孵卵，雄鸟则守留在距鸟巢不大远的地方，发出婉转的鸣叫，如同在欢唱着一支春天里的歌，又像是在给孵卵的雌鸟鼓劲加油。正由于它们夫妻双双同心同德，心诚所至，它们居然在零下二三十摄氏度的严寒中孵化出了雏鸟，创造出了一个动物世界的生命奇迹。

交嘴雀从不给幼鸟喂食昆虫，只是给雏鸟喂一些素食——将松果及其他球果的种子用嘴弄碎后喂给它们。

交嘴雀是由它那别致的喙而得名的，它的嘴尖端弯曲，上下两片交叉成"钳子"状，这种精妙的嘴形设计，使它们将种子从球果中剜出来时是那样地得心应手。交嘴雀不仅对繁殖期的选择很特别，在树上的活动方式也十分新奇。它们在枞树或松树上，常常以一种头朝地的倒挂姿势在枝干上爬行，有点儿像鹦鹉，爬行不仅用爪子，连喙也起了辅助作用。交嘴雀年轻的时候并不漂亮，毛色棕绿，年纪大的时候，倒是"老来俏"了。雄鸟的羽毛成了红色，雌鸟也披着鲜亮的黄绿色羽毛了。

捕鼠能手仓鸮

仓鸮又叫猴面鹰、猴头鹰等，是中型鸟类。体长为 34～39 厘米，体重485 克左右。头大而圆，面盘为白色，十分明显，呈心脏形，四周的皱领为橙黄色，上体为斑驳的浅灰色及橙黄色，并具有精细的黑色和白色斑点。下体为白色，稍沾淡黄色，并具有暗褐色斑点。尾羽上具有 4 条黑色的横斑。虹膜黑色，嘴肉白色，跗跖灰黑色，爪黑色。

仓鸮主要分布于亚洲西部、南部和东南部、欧洲、大洋洲、非洲、马达加斯加，以及北美洲、南美洲和中美洲等地，几乎遍及全球，共分化为 35 个亚种，但是在我国仅有 2 个亚种，即云南亚种和印度亚种。二者的区别主要是云南亚种面盘白色，下体白色而缀有皮黄色，上体灰色而缀有棕色；而印度亚种面盘为污白色，上体灰色更多，下体为洁白色，不沾皮黄色。它们的分布区都极为有限，而且非常罕见，其中云南亚种仅于 1962 年首次记录于云

猴面鹰

南勐海，印度亚种仅于1978年在昆明采到1只雄鸟标本。

仓鸮栖息于开阔的原野、低山、丘陵以及农田、城镇和村庄附近森林中，喜欢躲藏在废墟、阁楼、树洞、岩缝和桥墩下面，特别喜欢在农家的谷仓里栖息，所以得名。常单独活动，白天多栖息于树上或洞中，黄昏和晚上才出来活动，有时出没于破宅、坟地或其他废墟中。飞行快速而有力，毫无声响，在黑夜中显得影影绰绰，再加上它的叫声非常难听，很像人在受酷刑时发出的惨叫，所以常常使人们对它感到非常的恐惧。它们主要以鼠类和野兔为食，是著名的捕鼠能手，每天大约捕捉3只老鼠，一年消灭鼠类1 000只以上。此外，有时也捕猎中小型鸟类、青蛙和较大的昆虫等，偶尔也能像鹗一样捕鱼。捕猎时采取突然袭击的方式，同时发出尖厉的叫声，使猎物陷于极度恐怖之中，束手就擒。

倒着飞的蜂鸟

要说是鸟却不会飞，这会令人奇怪，但要讲能飞的鸟类中，还有会倒着飞的，那就更稀罕了，蜂鸟就是这种专门"倒行逆施"的飞鸟。

蜂鸟是世界上最小的鸟类，身体只比蜜蜂大一些，它的双翅展开仅3.5厘米，因此，蜂鸟只能像昆虫那样，用极快的速度振动双翅才能在空中飞行，它们翅膀振动的速度达每秒50次。蜂鸟不仅能倒退飞行，而且还能静止地"停"在空中，当它"停"在空中时，它用自己的细嘴吸取花中的汁液或是啄食昆虫，这时在它身体两侧闪动着白色云烟状的光环，并发生特殊的嗡嗡声，这是蜂鸟在不停地拍着它的双翅而产生的光环和声响。蜂鸟的嘴细长，羽毛鲜艳，当它在花卉之间飞舞时，像是跳动着的一只小彩球，非常好看。

蜂　鸟

所有鸟类都有一个共同的特点，就是新陈代谢非常快，而这种微小的蜂鸟表现得更突出。它的正常体温是43℃，心跳每分钟达615次。每昼夜消耗的食物重量比它的体重还多一倍。蜂鸟大约有300多种，绝大多数都生活在中美洲和南美洲。

鸟类的"造卵机器"

鸟类（尤其是家禽）的卵巢和输卵管真是太神奇了！试想，仅一点点大的生殖器官，却能一而再，再而三，源源不断地生产鸟卵。例如卵用鸡每年能产15千克卵，鹌鹑差不多每天都能产一个卵，就像工厂里的机器出产一样，这不是一件很惊人的事吗？

鸟卵不仅产得多，而且还产得大。大家都知道，大象跟小麻雀的体型大小是相差很大的。可是大象的卵细胞小得肉眼看不见，小麻雀的卵（指卵黄，即卵细胞）却大如豌豆粒。有人对多种动物的卵进行了观察研究，发现哺乳动物的卵，其直径约在80～200微米；昆虫卵的直径为几毫米；鸡卵的直径达3.5厘米，鸵鸟卵的直径则达到12厘米左右。还有一种已经绝种的象鸟，它的卵比鸵鸟卵还要大6倍呢！

鸟卵大，所含的营养物质多，这对胚胎的发育是很有利的。

鸟类内部"造卵机器"在结构上有个很有趣的特点，就是卵巢和输卵管"一边倒"。仅左边的卵巢和输卵管发达，右边的卵巢和输卵管退化了！

在非生殖季节，卵巢好像是许多细小的颗粒被一层薄膜包着（在这个时节，雄鸟的精巢也是很细小的）是不明显的。可是一到了生殖季节，卵巢就明显地胀大起来。

观察鸡的卵巢，可以明显看到卵有大有小，这说明卵巢里的卵是一个一个成熟的。成熟的卵通过输卵管前端的喇叭口进入宽大的输卵管，如果输卵管里有进入的精子，就在输卵管的上端进行受精作用。

卵成熟之后慢慢地在输卵管里下行，在下行的过程中，逐渐被输卵管所分泌的蛋白包裹起来，裹上了晶润的外表。

当成熟的卵经过子宫（输卵管下端）时，又被包上了 2 层壳膜，最后包上 1 层卵壳，由泄殖腔产出。

各种鸟类的卵在构造上基本相同。中央有卵黄，卵黄表面有个白色的小点，如果受了精，这就是胚盘（即开始发育的胚胎）。蛋白中有形似绳子的卵带，能使卵黄固定在蛋白中央。蛋白与卵壳之间有壳膜，是由 2 层合成。在卵的钝端，两层壳膜分开，中间为气室。

卵壳是一种很奇妙的结构。卵壳表面有数千个小孔以保证孵化期的气体交换。此外凸面向外的卵壳很耐压，有很好的保护作用。我国古代的石拱桥、现代的有些薄壳结构建筑，就是受卵壳、贝壳之类的启发而设计的。

鸟类的通讯信号

完善的通讯系统是指它所传递的信号是明确的，不存在随机反应。动物通讯中所发现的对完善通讯的偏离主要有两个方面。首先是"方言"的产生，由于它们的信号的特殊性质，一些个体间的信号不同于同种类的其他个体之间的通讯信号；其次是交叉反应性，即一种动物的信号同样可以引起其他种动物的反应。

许多动物的通讯系统中使用"方言"。尽管对这个问题的精确研究还不多。已报道的例子主要见于 3 类动物：鸟类、哺乳类及昆虫。它们都是最大限度利用了通讯信号的动物。

不同地区的鸟类学家，都可以从他们的经验中举出例子来表明同一种鸟的鸣叫或召唤声是有区别的。磁带录音机帮助我们对不同地理区域的同一种类鸟的鸣叫加以记录和收集以进行比较及物理分析，从而对鸣叫的区别进行更加严格的研究。

鸟类各种的领域性鸣叫在个体出壳后就完整地固定了。在这些鸟类中，即使地理分布很广，同种类鸟的鸣叫形式却很少有改变。但另外一些鸟类，只有它们鸣唱歌声的基本调型是先天性的，而大部分内容皆系模仿习得。在这种情况下，不同地理区域的鸣叫差别便导致"方言"的产生。

例如生活在美国加利福尼亚3个不同地理区域的白冠麻雀就有方言。个体彼此间的地理分布分离得越远，它们方言差异也就越大。在夏威夷群岛上栖居的一种鸟也存在着类似情况。正如所料，夏威夷群岛的不同岛屿发现了不同的方言。科埃群岛是地理上孤立的一群岛屿，其中在相距只有10千米的不同岛屿上，鸟的鸣叫就稍有不同了。

鸟类复杂的歌声为变异提供了丰富的机会。甚至对那些性质上很简单的鸣唤信号也会随地方不同而不同。例如在美国缅因州所记录的海鸥的鸣叫，栖于荷兰和法国的同一种鸟就听不懂了。基于其他一些特点，一般都承认海鸥起源于阿拉斯加，从这个发源地向两个方向散布到全球。因此，根据这个基础，为太平洋所隔开的两群海鸥，若从共同的遗传物质基础来说，它们一定是大不相同的两个种。

跟同一个种类之内产生了不同的信号这一事实相一致的是，同一种族的不同个体，对同一信号也会产生不同反应。因此，某些个体发展到对广泛的信号产生反应，不仅能懂得它们自己周围地理区域的成员的信号，而且对其他群体的也能产生反应。另一方面，某些个体的反应变成局限的，只对该地区的同种类的成员的信号产生反应。某些鸟类学习对同一种类中的许多群的个体信号产生反应，甚至在和其他种类的鸟类和善相处的中间也学会了对它们的信号产生反应，而另一些鸟类的反应则变成高度局部地方性的。

缅因州的东方乌鸦似乎也是这种情况。它们只能遇到同一区域的乌鸦，所以只对它们的特殊信号产生反应。另一方面，在美国东南部诸州的东方乌鸦，它们从夏天到冬天在沿岸上下能遇到近亲的其他种类，如食鱼乌鸦等，因此对范围广泛的鸣叫能产生反应。

五彩缤纷的巨嘴鸟

别看巨嘴鸟的体长只有 60 厘米，光它的大嘴就占了 24 厘米，嘴的宽度竟达 9 厘米，嘴长超过体长的 1/3。因为嘴大得出奇，所以叫巨嘴鸟。

巨嘴鸟的嘴不仅大，而且多具色彩鲜艳的花饰，极为引人注目。它嘴的上半部是黄色，略带淡绿色，下半部蔚蓝色，嘴尖则是一点殷红，再配上在眼睛四周一圈天蓝色的眉毛、橙黄色的胸脯、漆黑的背部，组成一身五彩缤纷的体羽，十分美丽。每当黄昏或雨过天晴时，巨嘴鸟就会栖身在高高的树枝上，一展它那并不太动听的歌喉，重复地叫着"咕—嘎—嘎"，叫声在森林里传得很远。

巨嘴鸟的食性很杂，不仅吃植物的果实、种子，也吃昆虫。它的吃食动作与其他的鸟类也略有不同。它总先用坚硬的嘴及其锯齿般的边缘，将植物果实啄开，把食物啄成一块块的，然后用嘴尖啄起一大块，仰起头来，顽皮地把食物向上一抛，再张大嘴巴，准确地将食物接入喉咙里，得意洋洋地将他们吞下。

不同居的织布鸟夫妇

在我国云南省西双版纳傣族自治州的几个保护区内，生活着一种会织布的鸟儿，人们给它起了一个好听的名字：织布鸟。

织布鸟的外貌和麻雀差不多，在生殖期间，雄鸟头顶和胸部羽毛变成黄色，面颊和喉部变成暗棕色，显得更漂亮些，雌鸟在生殖期间羽毛颜色并不改变。

勤劳的织布鸟，用植物纤维把撕剥下来的大叶片，拴牢在高大的榕树或者贝叶棕上，然后，雄雌两鸟，一里一外，一引一牵，认真缝连起来；最后，里外涂上泥巴，一只风雨不透的鸟巢便完成了，样子像一只只葫芦。

有趣的是，织布鸟并不是雌雄同巢而居，而是各有卧室的。雄鸟的风格比较高，它总要先帮雌鸟把巢做好之后，再和雌鸟一起筑自己的巢。所以，凡是挂着织布鸟巢的树上，至少是有 2 只；有 2 只葫芦高挂空中，就说明这里住着一对织布鸟。

善捕蛇的秘书鸟

在非洲，有一种样子独特的鸟：它体高近 1 米，羽毛大部分为白色，嘴似鹰，腿似鹭；中间两根尾羽极长，达 60 多厘米，如同两条白色飘带。因为它们头上长着几根羽笔一样的灰黑色冠羽，很像中世纪时帽子上插着羽笔的书记员，所以人们称它秘书鸟，其学名叫蛇鹫。

秘书鸟

有些鸟类学家曾同秘书鸟做过这样的"游戏"：他们骑在马上向秘书鸟冲过去，这时秘书鸟便放开大步急奔逃跑，它们的奔跑速度之快为奔马所不及。但秘书鸟在同奔马赛跑时，体力稍有不济，它们很快就会疲劳。可是，奔马冲来时它们干吗不飞，难道它们不会飞吗？不，秘书鸟会飞，而且飞得很快。只不过它们好像不愿飞行，被奔马追赶时，它们宁愿在地上快跑。鸟类学家对此大惑不解，因为它们的确飞得不错呀！飞行时，它们颈向前伸直，长腿向后并拢，长长的两根尾羽飘带般地飞舞，如同仙女飞天一样。时至今日，鸟类学家仍在对秘书鸟"不愿飞"的问题作细致的研究，但收获甚少。

秘书鸟的另一惊人之处在于它们擅长捕蛇。有时，蛇太大，不能一举使它毙命。秘书鸟便叼起蛇飞向天空，在高空上松开嘴，让蛇摔到坚硬的地面上，一命呜呼。甚至小秘书鸟也精于捕蛇之术，有时它们还把蛇当做是"玩具"而一起嬉戏。专家们认为，秘书鸟脚表面有很厚的角质鳞片，这是防备毒蛇利齿的最好的铠甲。再者，秘书鸟的腿很长，很难被蛇缠住身体。这些都是秘书鸟捕蛇的有利条件。

秘书鸟的行动也很灵活。一位摄影师曾在东非的一条公路旁偶然发现一只秘书鸟在做"空翻"动作，他拍下了这组珍贵的镜头。这只秘书鸟在做什么"表演"呢？原来，这只落在地上的秘书鸟正把一个草团抛向空中，接着它腾空而起，在空中翻了一个漂亮的筋斗，然后双足落地，挺直身体。起初，这位摄影师以为这是一只雄秘书鸟在向雌秘书鸟炫耀求爱。可是，除了这只秘书鸟外，周围并无其他秘书鸟，并且，鸟类学书籍中也没有记载秘书鸟会用"舞蹈"的形式"求爱"。那么，这只秘书鸟在干什么呢？摄影师百思不得其解。于是，他带着照片请教了当地的鸟类学权威。这些鸟类学家们认为，照片上记录的这只秘书鸟，当时可能是在躲避草团中一条没被抓牢的蛇，而并非在"求爱"。

聪明的鹦鹉

人类自古以来就自称是"万物灵长"，总是想方设法证明自己比其他动物更为优越。学者们曾经认为使用工具的能力是人类的特性，但根据观察，猩猩也会利用树枝、石块等简单的工具。

研究者们又宣称掌握和运用语言是人类独具的才能，但随后人们又发现海豚能够发出某种特定的声音彼此交流，而黑猩猩则能够掌握手语等符号语言系统。

学者们退守到更加内在的人类本性：思想。但如今，一只名叫阿莱克斯的非洲灰鹦鹉却在挑战这最后的信条。与其他动物不同的是，这只鹦鹉不但会说人话，而且明白自己在说什么。当它说"嘿，过这儿来!"的时候，它确实是希望它的主人走过来。

　　对于研究它多年的科学家美国亚利桑那大学的艾瑞恩·派珀伯格教授来说，这实在是一件了不起的事情。她相信阿莱克斯并不只是简单的地模仿人类的发音，而且能够理解这些语言的意义。

　　阿莱克斯能够辨认50多种不同的物体，能够区分7种颜色，还懂得从1到6的数字含义。艾瑞恩教授说："你可以问它一个东西是什么颜色、什么形状和什么质地，而它都能够准确地回答你提出的问题。"也就是说，当你问这只鹦鹉这是什么颜色的时候，它不会告诉你等于4。当阿莱克斯想要回到它安全的栖身之地时，它就会喊叫着让你知道："要回去喽！"艾瑞恩说有一次她问这只鹦鹉说："你要回去吗？"它竟然将这个问句重新组织成："我要回去了。"

　　有一次，她拿着一枚紫色的大钥匙和一枚绿色的小钥匙，问阿莱克斯说："你能告诉我它们的区别吗？"它的回答简洁有力："颜色。"艾瑞恩接着问："小钥匙是什么颜色的？"鹦鹉说："绿色的。"

　　这只鹦鹉真的能够像人类一样思考吗？没有人能够给出结论，甚至更多的人会持怀疑的态度，但这的确是一个十分具有诱惑力的问题。艾瑞恩也说："阿莱克斯的行动超出了我们对鹦鹉的预想，这是一件令人兴奋的事，而且我们还不知道鹦鹉的智能究竟还有多高。"

　　这只24岁的鹦鹉还正当壮年，现在它的工作是训练更年轻的同类们。科学家希望出现在阿莱克斯身上的智力活动并不是一个特例。人类与动物之间的界限又一次被模糊了，虽然人类比动物更善于思考，但脑子只有豌豆大小的鹦鹉却能够学习这种思考方法，这不能说不是一件让人震惊的事情。

喜欢"暴尸示众"的伯劳

　　伯劳是广泛分布于欧洲、亚洲、北美洲和大洋洲等地的一类小鸟，它们的嘴大而强，呈侧扁形，上嘴的先端具钩和缺刻，嘴须比较发达，甚至将鼻孔或多或少地遮盖起来。翅膀大都短圆形，上面有10枚初级飞羽和12枚呈凸形的尾羽。它们的腿脚也很强健，趾上的爪还具有锐利的钩。

棕背伯劳的个子不大，只比麻雀稍微大一点儿。它的头顶和上背呈美丽的淡灰色，前额和眼部周围浓黑色，上体的其余部分棕红色，下体白色，翅和尾黑色。红尾伯劳和虎纹伯劳的个子比棕背伯劳略小点，前者背部灰褐，腹部羽色棕白，尾羽有棕红色泽，后者的翅上有黑色的"虎斑"。伯劳虽然属于鸣禽，但又有一些似猛禽的特征，尤其是它们的嘴很强大，上嘴的先端钩曲如鹰嘴，爪也强健有力。平时伯劳主要栖息在树梢、电线等高处，东瞧西望，一发现食物就急冲捕食。它们的食物主要是大型的昆虫以及蛙类、蜥蜴类等，有时甚至能捕杀比它身体还大得多的鸟类和兽类。

伯劳的性情非常凶猛残忍，鸣声尖锐凄厉。它们有一个很特殊的习性，就是往往将猎取的小动物贯穿在荆棘、细的树枝甚至铁丝网的倒钩上，然后用嘴撕食。有时，它们已经将捕获的昆虫、青蛙或蜥蜴等贯穿在没有长树叶的树枝上，但事后却忘记了来撕食，经过风吹日晒之后，这些小动物就变成了干瘪的尸体。过些时候，树枝梢上长出了分枝和绿叶，就出现了一种非常奇怪的现象：在一条树枝上穿着几只昆虫、青蛙或蜥蜴之类的又干又瘪的尸体，而枝梢上却长出了繁茂的细枝和绿叶。这个"恶作剧"的做法又残忍又奇怪。残忍的是，这种"暴尸示众"的做法，确实太使人触目惊心；奇怪的是，树枝头明明长着分枝和绿叶，小动物的尸体是很难穿进去的，使得不明真相的人们众说纷纭，有些迷信的人甚至说这都是一些短命鬼干的事，因为短命鬼是幼年夭亡的鬼，免不了也有点孩子气，所以喜欢搞些淘气事。

无奇不有的植物

WUQIBUYOU DE ZHIWU

植物是生物界中的一大类。一般有叶绿素、基质、细胞核，没有神经系统。分为藻类、地衣、苔藓、蕨类和种子植物，种子植物又分为裸子植物和被子植物。

地球史上最早出现的植物属于菌类和藻类，接着出现的有蕨类植物、楔叶类、裸子植物等，最后被子植物从某种裸子植物当中分化出来，它们能够通过本身的遗传变异去适应那些变得严酷的环境条件，反而发展得更快，分化出更多类型，到现代已经有了90多个目、200多个科。正是被子植物的花开花落，才把地球装点得分外美丽。

绿色植物光合作用是地球上最为普遍、规模最大的反应过程，它可以借助光能及动物体内所不具备的叶绿素，利用水、矿物质和二氧化碳生产食物。释放氧气后，剩下葡萄糖——含有丰富能量的物质，作为植物细胞的组成部分。光合作用在有机物合成、蓄积太阳能量和净化空气，保持大气中氧气含量和碳循环的稳定等方面起很大作用。

据计算，整个世界的绿色植物每天可以产生约4亿吨的蛋白质、碳水化合物和脂肪，与此同时，还能向空气中释放出近5亿吨还多的氧，为人类和动物提供了充足的食物和氧气。

以动物为食的植物

植物吃虫在自然界普遍存在，据不完全统计，自然界有 500 多种植物能"吃"动物。

毛毡珠

在我国的云南、广东等南方各省，有一种绿色小灌木，它的每一片叶子尖上，都挂着一个长长的"小瓶子"，上面还有个小盖子。这小瓶子的形状很像南方人运猪用的笼子，所以人们给这种灌木取了个名字，叫"猪笼草"。奇妙的就是这个小瓶子，猪笼草的瓶子内壁能分泌出又香又甜的蜜汁，贪吃的小昆虫闻到甜味就会爬过去吃蜜。也许就在它吃得正得意的时候，脚下突然一滑，一头栽到了小瓶子里。小瓶子里贮有黏液。昆虫被黏液粘住了，就再也爬不出来。于是猪笼草得到了一顿美餐。

用瓶状的叶子捕食虫类的植物很多，在印度洋中的岛屿上就发现将近 40 种。那些奇怪的"瓶子"有的像小酒杯，有的像罐子，还有的大得简直像竹筒，小鸟陷进去也别想飞出来。

夏天，在沼泽地带或是潮湿的草原上，常常可以看到一种淡红色的小草。它的叶子是圆形的，只有一枚小硬币那么大，上面长着许多绒毛，一片叶子就有 200 多根。绒毛的尖端有一颗闪光的小露珠，这是绒毛分泌出来的黏液。这种草叫毛毡珠，也叫毛毡苔，也是一种"吃"虫的植物。如果一只小昆虫飞到它的叶子上，那些露珠立刻就把它粘住了，接着绒毛一齐迅速地逼向昆虫，把它牢牢地按住，并且分泌出许多黏液来，把小虫溺死。过一两天，昆虫就只剩下一些甲壳质的残骸了。最奇妙的是，毛毡苔竟能辨别落在它叶子上的是不是食物。如果你和它开个玩笑，放一粒沙子在它的叶子上，起初那些绒毛也有些卷曲，但是它很快就会发现这不是什么可口的食物，于是又把绒毛舒展开了。在我国江苏、浙江一带，还有一种喜欢生长在树荫下的小植物，叫茅膏菜，也是用叶子捕食昆虫的。在葡萄牙、西班牙和摩洛哥沿海地带，有一种植物叫捕虫花，它的叶子反面有一层密密的绒毛，也能捕捉昆虫。曾有人在一株捕虫花的叶子上竟找到 235 个昆虫的残骸。

美洲的森林沼泽地中有一种叫孔雀捕蝇草的植物，它是 18 世纪中叶发现的，由于长得美丽，人们给它起了这样一个漂亮的名字。孔雀捕蝇草的叶子是长形的，很厚实，叶面上有几根尖尖的绒毛，边缘上还长着十几个轮牙。每片叶子中间有一条线，把叶子分成两半。昆虫飞来的时候，触动了叶子上的绒毛，叶子马上齐中线折叠起来，边缘上的轮牙一个接一个地咬合在一起，咬得牢牢的，然后分泌出黏液来把昆虫消化掉。"吃"完昆虫了，叶子又重新打开，等待新的食物。

1851 年，在美国西部加利福尼亚山脉的沼泽地带，还发现了一种很大的食虫植物，名字叫达尔利克多尼亚。它从地下直接生出一束管筒，有一米多高，管筒的口上还戴着一顶盔形的帽子，管里贮满了有毒的黏液。贪玩的小鸟和昆虫到里面去捉迷藏，一失足就送掉了性命。

还有些"吃"虫植物生长在水中。北京颐和园的池塘里有一种叫狸藻的小水草，它的茎上有许多卵形的小口袋，口袋的口子上有个向内开的小盖子，盖子上长着绒毛。水里的小虫游来触动了绒毛，小盖子就向内打开了，小虫一游进小口袋，就再也出不来了。

许多试验证明，这些"吃"虫植物的消化能力几乎赶上了动物的胃。德国植物学家刻涅曾经观察过猪笼草怎样吃蜈蚣，一条蜈蚣的前半身陷进小瓶子里去了，后半身还在外边，但是它没能逃出来，因为它的前半身浸在黏液内，很快就变成白色了。可见猪笼草的消化力有多强。如果你把一小块煮熟的蛋白放在毛毡苔的叶子上，几小时后，蛋白就变形了，过了几天，蛋白就完全被"吃"光了。"吃"虫植物还有个怪脾气，就是不喜欢"吃"油脂。如果你给毛毡苔一小块肥肉，肉里的蛋白质不久给"吃"光了，但油还留在叶子上。"吃"虫植物对于淀粉，对于味道甜或酸的食物，也不感兴趣。

植物为何"吃"昆虫

植物一没有牙齿，二没有胃，为什么要"吃"掉昆虫呢？

氮，是构成叶绿素的重要成分。植物需要的氮，主要是来自土壤。可是有些地方，比如酸性的湿地和沼泽地带，土壤中含的氮就极少极少。生长在那里的植物，就得从其他方面来取得它们所必需的氮，来适应这缺乏氮的生活环境。毛毡苔生长在沼泽地带，茅膏菜生长在潮湿的地方，那些地方的土壤中都缺少氮。这些植物经过许许多多年的进化，吸收氮的功能变得更强了，逐渐产生一种完整的捕虫器官，能够分泌出一种黏液来消化昆虫体内的含氮物质，满足自己对氮的需要。这样就出现了"吃"虫的植物。

植物也会设置陷阱

植物也会通过设置陷阱开杀戒吗？是的。有些植物美丽的外表散发着致命的诱惑，它们设置的陷阱对昆虫来说就是一个坚不可摧的牢笼。

有些植物用陷阱逮住昆虫，并不是要把它们当做是自己的美食吃掉，只是将昆虫囚禁起来，让这些虫子为自己传授花粉，当花粉传授完毕之后，便又打开"牢门"，把身上沾满花粉的"俘虏"放走。

在欧洲有一种花，它散发出来的气味奇臭难闻，令人作呕。这种花就是海芋百合，它的花瓣就像一只杯子。它正是利用这种像腐烂尸体发出的恶臭，把一种嗜臭食腐的小甲虫吸引过来。小甲虫在海芋百合的花瓣上，想爬进花中时，花瓣内侧会分泌出一种油滑液体，使它像坐滑梯似的，一下子滑到了"杯子"的底部。由于四周花瓣的内壁上长满了倒刺，这时，小甲虫即使有三头六臂，也逃不出这个"牢笼"。这就是海芋百合设下的陷阱。在陷阱底部，海芋百合的雌蕊会分泌出一种甜甜的蜜汁。小甲虫在贪婪地吮吸这种蜜汁的时候，它的身体不时碰撞雌蕊四周的雄蕊。这些雄蕊个个都像武侠小说中的暗器机关，小甲虫一碰上，里面立刻射出一串串花粉。这些花粉就沾在小甲虫的身上。

一天以后，花瓣内壁的倒刺萎软了，油滑的液体也已干枯，这时"禁令"自动解除了。现在被囚禁一天之后的小甲虫可以爬上花瓣，逃脱陷阱了。它浑身沾满了花粉，爬了出来，不久又被别的海芋百合的臭味吸引住了，再一次跌入新的陷阱。就这样，它把花粉传授了过去。

马兜铃也会通过它的花朵巧设陷阱吸引小虫。它的花儿形状像个小口瓶，瓶口长满细毛。雌蕊和雄蕊都长在瓶底，但是雌蕊要比雄蕊早成熟几天。雌蕊成熟的时候，瓶底会分泌出一种又香又甜的花蜜，通过这种花蜜把把小虫子吸引过来。小虫子饱餐一顿后想要返回时，早已身不由己，陷进"牢笼"了。因为瓶口细毛的尖端是向下的，进去容易出来难。小家伙心慌意乱，东闯西撞，四处碰壁，不知不觉中把自己带来的花粉都粘到了雌蕊上。几小时后，虽然雌蕊萎谢了，但是小虫子依然是"花之囚"。直到两三天后，雄蕊成熟了，瓶口的细毛也枯萎脱落了，小虫子身上沾满了花粉，马兜铃便会自动打开瓶口，这个贪吃的"使者"终于逃出了"牢笼"，刚恢复自由的小虫子可能又会飞向另一朵马兜铃花，心甘情愿地继续充当"媒人"。

除了海芋百合和马兜铃，还有一些会设陷阱的植物。这是一种萝摩类的花，虫儿飞来时细脚会陷入花的缝隙中。虫儿拼命挣扎，结果脚上沾满了花粉。小家伙从缝中拔出脚来，脱身以后又飞到别的花中，完成传粉。

相比其他花设置的陷阱，拖鞋兰设置的陷阱可以说是别具一格。兜状的花中，没有明显的入口，也看不到雄蕊和雌蕊，只是中间有一道垂直的裂缝。蜜蜂从这儿钻进去，便来到了这个半透明的、脚下到处是花蜜的小天地里。蜜蜂尝了几口，刚准备离去，谁知后面已封闭起来，没有退路了。只有上面开着一个小孔，蜜蜂只好沿着雌蕊柱头下的小道勉强穿过，这时身上的花粉被刮去了。当它再钻过布满花粉的过道，身上又沾满了花粉，这些花粉是拖鞋兰花"请"蜜蜂带给另一朵花的。

另外一些植物虽然不设陷阱，但也会利用一些其他手段欺骗动物前来为自己传授花粉。在北美和地中海一带有一种兰科植物，它一无花蜜，二无香味，靠的就是对雄细腰蜂的欺骗来传授花粉的。这种植物花朵的形状很像雌细腰蜂，花瓣闪耀着金属光泽，就像阳光下雌蜂的翅膀。有趣的是，它的花朵还能发出雌细腰蜂的气味，吸引雄细腰蜂兴高采烈地飞来，等它发觉受骗上当时，已在为植物传粉了。

留唇兰的骗术更加高明。它的花朵的形态和颜色，活像一只只蜜蜂。一片留唇兰在风中摇曳，简直就像一群好斗的蜜蜂在飞舞示威。蜜蜂有很强的"领土观念"，它们发现假蜂在那儿摇头晃脑，便群起而攻之。结果，正中留唇兰的下怀，蜜蜂的攻击对花朵毫无损伤，却帮助它传授了花粉。

植物欣赏音乐长得好

植物也和人一样，除了对日常营养物质的需求以外，也有对"精神生活"的"需求"。

加拿大安大略省有个农民，做过一个有趣的实验，他在小麦试验地里播放巴赫的小提琴奏鸣曲，结果"听"过乐曲的那块实验地获得了丰产，它的小麦产量超过其他实验地产量的66%，而且麦粒又大又重。

20世纪50年代末，美国伊利诺伊州有个叫乔·史密斯的农学家在温室里种下了玉米和大豆，同时控制温度、湿度、施肥量等各种条件，随后他在温室里放上录音机，24小时连续播放著名的《蓝色狂想曲》。不久，他惊讶地发现，"听"过乐曲的籽苗比其他未"听"乐曲的籽苗提前2个星期萌发，而且前者的茎干要粗壮得多。史密斯感到很出乎意料。后来，他继续对一片杂交玉米的试验地播放经典和半经典的乐曲，一直从播种到收获都未间断。结果又完全出乎意料，这块试验地比同样大小的未"听"过音乐的试验地，竟多收了700多千克玉米。他还惊喜地看到，"收听"音乐长大的玉米长得更快，颗粒大小匀称，并且成熟得更早。

美国密尔沃基市有一位养花人，当向自家温室里的花卉播放乐曲后，他惊奇地发现这些花卉发生了明显的变化：这些栽培的花卉发芽变早了，花也开得比以前茂盛了，而且经久不衰。并且这些花看上去更加美丽，更加鲜艳夺目。

几乎所有的植物都能听懂音乐，而且在轻松的曲调中苗壮成长。甜菜、萝卜等植物都是"音乐迷"。有的国家用"听"音乐的方法培育出2.5千克重的萝卜，小伞那样大的蘑菇，27千克重的卷心菜。

1981年，在我国云南西双版纳勐腊县尚勇乡附近的原始森林里，发现了一棵会"欣赏"音乐的小树。当地群众管它叫"风流树"。人们发现，在"风流树"旁播放音乐时，树身会随着音乐的节奏摇曳摆动，好像一个少女在翩翩起舞。令人奇怪的是，如果播放的是轻音乐或抒情歌曲，小树的舞蹈动作就婀娜多姿，如果播放的是进行曲或是嘈杂的音乐，小树就不动了。

科学工作者还发现，不同植物有不同的音乐"爱好"：黄瓜、南瓜"喜欢"箫声；番茄"偏爱"浪漫曲；橡胶树"喜欢"噪声。科学家们在研究中还发现，植物不仅能欣赏优美的乐曲，而且还讨厌那些让人心烦意乱的噪音。美国科学家曾对20种花卉进行了对比观察，发现噪音会使花卉的生长速度平均减慢47%，播放摇滚乐，就可能使某些植物枯萎，甚至死亡。

植物听音乐的原理是什么呢？原来那些舒缓动听的音乐声波的规则振动，使得植物体内的细胞分子也随之共振，加快了植物的新陈代谢，而使植物生长加速起来。

仙人掌抗旱之谜

在异常干旱的热带和沙漠地区，作为植物命根子的水是极为稀缺的，不要说人类难以在那里居住，就连其他生物也是极其稀少，只有各种仙人掌类植物耗水量极少，被赋予得天独厚的抗旱本领，能够战胜那里的骄阳和热风，把热带和沙漠风光点缀得更加壮观美丽。

曾经有人做过一个试验：把一棵37.5千克重的仙人球放在室内，一直不浇水。过了6年，那棵仙人球仍然活着，而且还有26.5千克重。也就是说，经过6年时间，它只消耗了11千克水。也曾有人发现，一棵在博物馆里活了8年的仙人掌，平均每年因生长而消耗掉的水分，仅占其总贮水量的7%。

仙人掌是怎样节约用水、抵抗干旱的呢？原来在沙漠生活的仙人掌为了减少蒸腾的面积，节约水分的"支出"，叶片已经慢慢地退化变成了针状或刺状。绿色扁平的茎也披上了一件非常紧密的"外衣"——角质层，而且里面还分布着几层坚硬的厚壁组织，有了这样的装备就能够有效地防止水分的散发。更有趣的是，仙人掌为了表皮上的下陷气孔只有在夜晚才稍稍张开，这样便大大地降低了蒸腾速度，防止水分从身体里跑掉。

仙人掌类植物的茎长得厚厚的，变成肉质多浆，简直成了一个"水库"。如果遇到一次阵雨，那又深又广的根系就拼命吸收，同时茎把输送来的大量水分贮存起来，以供常年干旱的需要。墨西哥有一种巨柱仙人掌，长得像一根根大柱子，有几十米高，体内能贮藏1吨以上的水分，过路人常常砍开仙人掌以解口渴。它那肥厚的茎是绿色的，能代替叶子进行光合作用，成为制造食物的工厂。正因为如此，仙人掌类植物能在干旱地区长期生存下来。

人们把墨西哥称为"仙人掌之国"。据说世界上已知的1 000多种仙人掌品种中，一半以上可以在那里找到。由于仙人掌耐旱，须根特别长，墨西哥农民就利用它来防止水土流失，固定流沙，保护农田；有的种在宅旁作为篱笆，凭它身上的荆棘，既能防兽又能防盗。仙人掌的茎是墨西哥人民爱吃的蔬菜。据研究，仙人掌还有某些医疗价值，对肺癌的治疗特别有效。

羞答答的含羞草

不少人都知道含羞草，若是用手指轻轻地碰它，成对的小叶便会立刻合并起来。碰得轻，它合并得慢，范围也较小；碰得重，它合并得非常迅速，不到10秒钟，所有的叶片就全部并拢，并从接触的部位蔓延到别的地方，连叶柄也会下垂。稍过一些时候，它又逐渐恢复原状。

有趣的是，改用冰块接触它的小叶，或者把香烟的烟喷在叶片上，它也会有同样的反应。如果用火柴的火焰从下面逐渐接近叶片，那些羽状的复叶也会合并起来。更奇怪的是，在气温较高的时候，它的这些运动的速度也比较快。

含羞草为什么会产生这种奇妙的现象呢？含羞草的运动是发生在小叶和叶柄以及叶柄和茎节的连接部位。通常是由于细胞内膨压改变所造成的，大部分成熟的植物细胞，都有一个很大的液泡，当液泡内充满水分时，就会压迫周围的细胞质，使它紧紧贴向细胞壁，而给予细胞壁一种压力，这就是膨压。膨压使得细胞壁处于绷紧状态，像吹满了气的气球一样。液泡内所含的有机和无机物质，它们的浓度高低，决定渗透压的高低，而渗透压的高低可以决定水分扩散的方向。当液泡浓度增高时，渗透压增加，水分由胞外向胞内扩散而进入液泡，增加细胞的膨压，使细胞鼓胀；反之，细胞则萎缩。这种过程只能造成缓慢的运动，例如气孔的开合等，但是当胞膜的半透性发生霎时变化时，却也可以引起相当迅速的动作。将氯离子向细胞内，阳离子向细胞外运送，使得胞膜和邻近地区保持一定电位差，叫做静止电位。当外界刺激超过某一定限度时，这种差异通透性会突然改变，钙离子大量涌进细胞，钾离子却向反方向进行，使膜内电位增高，甚至成为正电位，于是产生了动作电位，这种现象叫做去极化。动作电位会传递，当细胞到达动作电位时，也就是产生去极化现象时，胞膜的差异通透性消失，原来蓄存于液泡内的水分遂在瞬间排出，使细胞失去膨压，变得瘫软。叶柄的数条维管束，在叶枕合成一大管道，便于容纳叶枕排出的水分。当我们碰到含羞草的叶子时，叶枕细胞受到刺激，产生去极化作用，细胞立刻失去水分，丧失膨压，叶枕就变得瘫软，小叶片失去叶枕的支持，依次地合拢起来。

叶枕的下半部，有一些静止电位特别低的感受细胞，它们特别容易接受刺激，只要遭到轻微的触动，就会立刻放出水分，使叶柄下垂，造成含羞草的羞态。其他和含羞草同科的合欢树，它的羽片到夜晚也会闭合起来，像是睡觉一样，这都是叶枕内细胞膨压改变的关系。另外，捕蝇草的捕虫运动是叶片受到刺激时，附近的叶肉细胞失去膨压而使叶片闭合，叶缘的刚毛，此时也发挥它们的阻碍功能，于是掉落的昆虫便无法挣脱了。

有人研究过，含羞草传达刺激的速度每分钟约为10厘米，通过茎可以传达到距离5厘米的叶柄和叶片。根据试验，可以用酸类激起它的运动，也可以用麻醉剂麻醉它的运动。

含羞草的这种特殊本领对它的生长十分有利。含羞草的老家在南美洲的巴西，那里经常会发生狂风暴雨，如果含羞草不能在刚碰到第一滴雨点或第一阵狂风时就把叶子合拢起来，把叶柄低垂下去，那么，它那娇嫩的叶片和植株将会受到无情的摧残。所以，这是通过很长时期的进化和选择而形成的一种保护性适应。

含羞草在我国各地广泛栽培，一般作为观赏植物。据研究，它还有安神镇静、止血收敛、散热止痛等医疗功能。

含羞草预测地震

据土耳其地震学家艾尔江表示，在强烈地震发生的几小时前，对外界触觉敏感的含羞草叶会突然萎缩，然后枯萎。在地震多发的日本，科学家研究发现，在正常情况下，含羞草的叶子白天张开，夜晚合闭。如果含羞草叶片出现白天合闭，夜晚张开的反常现象，便是发生地震的先兆。如：1938 年 1 月 11 日上午 7 时，含羞草开始张开，但是到了 10 时，叶子突然全部合闭，果然在 13 日发生了强烈地震。1976 年日本地震俱乐部的成员，曾多次观察到含羞草叶子出现反常的合闭现象，结果随后都发生了地震。

另外，害羞草还可预测灾害性的天气变化，对突发性的反季节性温差、地磁、地电等变化会产生有违常规的生长活动。

舞姿翩翩的草

一般认为，只有动物才会活蹦乱跳，植物却是直立不动的。

常见于亚洲和南太平洋地区的舞草却是一种能跳舞的植物，虽然名称是"舞草"，其实它并不是草，而是一种小灌木。舞草有一种很奇特的本领，它的叶片能够翩翩抖动。舞草的舞姿美妙而不单一，一会儿绕轴旋转，一会儿猛地向上升，又降落下去。舞草运动很有节奏，此起彼落，蔚为壮观，而且可以从太阳升起一直跳到太阳落山。很少其他的植物有这种奇特的快速运动能力，金星捕蝇草也会跳舞，但舞草是最奇特并且最不为人所知的。

每当夜幕降临之际，舞草便会进入睡眠状态停止跳动，第二天太阳升起的时候，重新跳动。关于舞草能够跳舞的原因，科学家目前还没研究清楚。而关于舞草跳舞的作用，也是各有各的说法。有的人认为，是植物细胞的生长速度变化所致；也有人认为是生物的一种适应性，它跳舞时，可躲避一些愚蠢的昆虫的侵害，再就是生长在热带，两枚小叶一转，可躲避酷热，以珍惜体内水分。舞草不只会跳舞，还有其他功效。据医书记载，舞草的根、茎、叶均可入药，泡成药酒可治疗骨病、风湿病、关节炎、腰膝腿痛等疾病。用嫩叶泡水洗脸，能令皮肤光滑白嫩。

能指向的草

在广阔无垠的草原上，有经验的牧民除了利用日月星辰和地物、地貌来辨认方向以外，还可以利用草原上生长的一些植物来辨明南北东西。

"指南草"是生长在内蒙古草原上的一种野莴苣。因为它们的叶子基本上垂直地排列在茎的两侧，而且与地面垂直，呈南北向排列，所以当地人称之为"指南草"。为什么"指南草"会指南呢？

原来，广阔的内蒙古大草原地势平缓，没有明显的山脉、谷地，没有高大树木，有的只是一望无际的原野。一到盛夏，火辣辣的太阳烤着草原，尤其是到了中午时分，草原上更为干燥，水分蒸发量大。在这种特定的生态环境中，野莴苣有一种独特的适应环境的生存方式：叶子与地面垂直，并且成南北向排列。这样一来，有两个好处：第一，中午在太阳辐射最强时，可最大限度地减少阳光直射的面积，进而减少水分蒸发；第二，利于早晚吸收斜射的太阳辐射，进行绿色植物的光合作用。人们研究发现，越是干燥的地方，其生长的"指南草"指示的方向也就越准确。

内蒙古草原除了野莴苣可以指示方向外，还有蒙古菊、草地麻头花等也能指示方向。

有趣的是，地球上不但有以上所说的会指示南北方向的植物，在非洲南部的大沙漠里还有一种仅指示北方向的植物，人们叫它"指北草"。"指北草"生长在南回归线以南。它总是接受从北面射来的阳光，由于植物的趋光性，花朵总是朝北生长。它的花茎十分坚硬，花朵又不能像向日葵花盘那样随太阳转动，因而总是指向北面，"指北草"也由此得名。

在非洲东海岸的马达加斯加岛上，还有一种"指南树"，它的树干长着一排排细小的针叶，不论这种树生长在高山还是平原，那针叶总是像指南针似的永远指向南极。

在草原或沙漠上旅游，如果了解了这些指示植物的习性，就不会迷路了。

竹子开花为哪般

竹子开花一直是一个植物学上的难解之谜。一些经常开花的竹子在种子发育成熟后死去，而群落中其他竹子和地下鞭根继续存活和保持种群不败落；印度和东南亚地区常见竹种群落经常发生这种现象，竹子在经过一定的鞭根和枝条生产生长期（依竹种特性不同而为3～120年）后，同一地区几乎所有同一种的竹子同时开花，通过风媒传粉，结出大量的种子后死去，这些种子立即发芽或在首场雨后发芽；也有一些竹种群落生长到成熟后每年开花结籽达许多年。

常见的绿色开花植物，尤其是多年生植物，它们开花的时候，往往都是生长最旺盛的时候。唯有竹子不一样，它一旦开花，却预示着它的生命历程已接近尾声，生长也将近于枯竭。因此一些物质迷信的人便把竹子开花与眼前的或以后发生的某些倒霉的事情联系起来，将它看成是不祥的征兆。这些人之所以会把竹子开花视为不吉利，是因为他们觉得竹子开了花就会衰败，像一件事物盛极而衰。

其实竹子开花也是一种本能，一种繁衍后代的本能。它要在生命行将结束之前，开花结果留下一些种子，以便再度繁殖，留存物种。

竹子是多年生植物，它选择开花的时机不像一般多年生植物那样年年开花结果，却又年年旺盛生长。竹子更像水稻、小麦、油菜和棉花这些一年生的植物——只有一次开花结果的高潮，即"盛极而衰"。

那么到底是什么原因促使竹子生命力不旺盛，而走向开花的末日呢？人们经过多次探索，终于弄清竹子的生命不再能延长下去的原因。其主要原因是由于人们管理不善，导致竹林土壤肥力已经耗尽无补，竹子得不到应有的基本养料而走上"自杀性"的开花阶段。如果这时及时地进行中耕和追肥，并挖去开花的竹子，砍除一些徒耗养料的老竹，切实做好竹林的管理工作，是有可能把濒临死亡边缘的竹林挽救过来的。

竹子开花常会带来意想不到的严重后果，如生长在我国西南山区的"国宝"大熊猫是以野生的箭竹为主食的，每逢大批箭竹开花，受到伤害最重的就是大熊猫。在明确了上述道理后，人们正不断作出努力，力争使自然保护区内的箭竹不开花或少开花，切实保护好大熊猫的食物来源和生存环境。

竹子虽不像松柏那样有千年长寿，可是一般也能活几十年，也能不断进行营养繁殖、衍生后代。一旦新竹长成，就应及时适量砍去部分老竹，注意保持土壤的肥力，预防竹子感染病虫害，那么成片成片的竹林就可能长期郁郁葱葱，繁茂地生长下去。

巧施"美人计"的角蜂眉兰

异花传粉植物要想得到来自其他同类植株的花粉，除了利用风力传送花粉以外，就得请昆虫来帮忙了。

在众多的传粉植物中，有一种叫角蜂眉兰的草，招引昆虫传粉的办法最令人叫绝。它竟然会利用"美人计"来诱骗雄角蜂前来光顾，充当它们之间的"媒人"。

角蜂眉兰生长在地中海沿岸，春天刚刚来临，它就开出艳丽的花朵，雄角蜂便以为那是一只美丽的雌角蜂，于是落在它的身上求爱。可是当雄角蜂发觉上当以后，角蜂眉兰花蕊上的花粉，已经粘在了雄角蜂的头上。受了骗的雄角蜂虽然很快离去；但是求偶心切的雄角蜂过不了久，就会被另一棵角蜂眉兰的花所欺骗，再一次地扑向那只"雌角蜂"。这时候，它头上粘来的花粉，再传给了这朵花的柱头，使角蜂眉兰完成了异花授粉。

倒霉的雄角蜂，接连上当受骗，没有找到自己要寻觅的"新娘"，无意之中却做了角蜂眉兰的"媒人"。

穴居地下的隐士

我们都知道植物生长离不开阳光，可是在我国的内蒙古、甘肃、新疆的沙质荒漠和草原地带，却生长有2种"隐居地下"的草。肉苁蓉和锁阳就是这两位"隐士"的名字。它们虽然隐居在荒僻的地带，但却都是著名的药用草。

在没有阳光的地下，任何植物都无法进行光合作用。那么，我们这两位能够在地下隐居3～5年的"隐士"，是靠什么来供应自己生长的需要呢？原来，肉苁蓉和锁阳这两位居地下的"隐士"，竟然是两个不光彩的寄生者。它们是靠着吸取梭梭、柽柳等沙漠植物的养分来维持自己生长的需要的。在黑暗的地下，它们寄生在其他植物的根部，养尊处优，养得肥肥胖胖。根本就用不着叶子进行光合作用、自己生产自己所需要的养分，所以它们的叶子退化成了小鳞片状，完全丧失了进行光合作用的能力。

当三五年的时间过去，在肉苁蓉和锁阳的生命即将结束的时候，它们才匆匆忙忙地从肉质茎上长出一个粗壮肥大的花序，钻出地面，在短短的三四天里，开出花朵，结出数以万计的种子，然后死去。那些种子随风飘荡，当遇到合适的寄主时，它们便钻入地下，重新过起不劳而获的地下隐居生活。

肉苁蓉和锁阳为什么要过这不光彩的地下隐居生活呢？原来，西北的荒漠地带，气候十分干旱、恶劣，为了生存下去，顺利地传宗接代，它们在千万年的生存竞争中，逐步学会这套能够适应恶劣环境的奇特本领。

帮人找矿的草

矿藏埋藏在地下，人们一般不容易发现。然而有许多植物能够成为地质勘探队员的好向导，帮助他们找到所要找到的矿藏。

在我国的长江沿岸，生长着一种名叫海州香薷的草，草茎是方形的，能散解出浓郁的香气，它开出的花朵，颜色原本是紫红色，如果花色变蓝，那里就往往能够找到铜矿。海州香薷为什么能指示出地下埋藏有铜矿呢？这是因为它喜欢生长在含有大量铜元素的酸性土壤中，在这样的土壤中，它吸收了铜离子，它的花也因为铜离子作用变成了蓝色或蔚蓝色。因为海州香薷能帮助人们找到铜矿，所以，人们又给它取了一个十分贴切的名字叫"铜草"。

科学家研究发现，在异极草、林堇菜聚集生长的地方，往往会找到锌矿。在有鸡脚蘑、凤眼兰生长的地方，可能有金矿。在生长有大量针茅草的地方，可能会有镍矿。在有喇叭花大量生长的地方，可能会有铀矿。在七瓣莲聚生的地方，地下可能埋藏有锡矿。在有大批铃形花生长的地区，就有可能找到磷灰石矿。在富含锌的地方，三色堇不但长得特别茂盛，而且花开得格外鲜艳。

植物具有将土壤中或水中的矿质元素浓集到体内的奇特本领，所以它们不仅可帮助人们找矿，而且还是采矿"能手"。在地球上，矿物质比较分散，有的矿藏含量很低，提炼起来比较困难，开采需要付出很大代价，于是人们就请一些植物来帮助开采这些矿藏。

在巴西的缅巴纳山区，生长着许多暗红色的小草，这种草嗜铁如命，在体内富集了大量的铁元素，它的含铁量甚至比相同重量的铁矿石还高，因此人们称它为"铁草"。把这种草收割起来，经提炼后即可得到高质量的铁。

无独有偶，有一种"锌草"喜欢生长在含锌丰富的土壤中，它的根系从土壤中吸收锌的，就贮存在体内。用"锌草"来提炼锌，从燃烧后的每千克"锌草"的灰烬中可得到294克锌。

黄金是贵重金属，将玉米种植在含有金矿的地方，便可以从玉米植株中提取金子，捷克科学家巴比契卡从1千克玉米灰里获得了10克金子。日本地质学家发现马鞭草科的一种叫薮紫的落叶灌木，对金元素具有极强的吸收能力，所以从这种植物体中也可以提炼到金子。钽是一种稀有金属，提炼很困难，价格昂贵。紫苜蓿具有富集钽的本领，人们将它种植在含有钽的土壤中，从大约40公顷的紫苜蓿中可提炼出200克的钽。另外有一种亚麻植物，对铅元素具有较强的吸收能力，从它燃烧后的灰里，氧化铅含量可高达52%，简直成了"植物矿石"。

人们还可以利用水生植物从水中采矿或回收废水中的贵重金属。如生长在大海里的海带，能从海水中富集大量的碘元素，因此人们就把它作为向大海要碘的好帮手。又如，水凤莲能从废水中吸收金、银、汞、铅等重金属。据测定，667 平方米面积的水浮莲每 4 天就可从废水中获取 75 克的汞。

正是因为植物具有富集一些矿质元素的本质，所以人们可以有目的地筛选和培育出适当的植物，来帮助人类采矿。

"海水开花"之谜

航行在大洋上的人们，常常可以看到一种非常奇异的景色。在大洋浅海区，海水有时绿一块、黄一块、红一块，错杂在一起，形成了一幅美丽的彩色图案，好像海水开了"花"似的。经过多年的观察研究，"海水开花"的真相终于弄清楚了。原来，这些水里大量繁殖着各种浮游藻类植物。不同种类的浮游藻类植物含有不同的色素，随着季节的交替，颜色也随着不断地变换，于是海水也就开放出不同的"花朵"。

浮游藻类是海洋植物的重要成分之一，遍布各大洋近海区的表层海水中。在几百种浮游藻类中，大多数浮游藻类喜欢生活在热带和温带海水里，所以热带海面上经常可以看到"海水开花"的奇景。而在温带和寒带海面上以及远离海岸的深水区，"海水开花"的现象就少得多了。

而一提起红海，人们的脑海中不免总要想到"那里的水是红色的吗？为什么那里的海水又是红色的呢？"这一系列的问题。而这些问题在一般地理书中往往是找不到答案的，因为这些问题已经不属于地理学范围，而是植物学问题了。为什么呢？因为红海的水所以发红确是由于一些特殊植物在那里作怪呀！

究竟是什么植物在作怪呢？是一种叫做红色毛状带藻的植物，把那里的海水染成了红色。这种植物的个体并不大，有点像丝带的样子，平常生长在较深的海水中，但要周期性地浮到水面上来。它细胞中含有的红色色素较多，所以整个植物体呈现红色。无数的红色毛状带藻密集成片地浮在海水里，于是就把蔚蓝色的海水染成了红色，这就是"红海"的由来。

那么，红色毛状带藻是不是属于红藻这一家族呢？不，它属于一种叫做蓝藻的家族。

蓝藻都含有一种特殊的蓝色色素。但蓝藻也不全是蓝色的，因为它们体内含有多种色素，由于各种色素的比例不同，所以不同的蓝藻就有不同的色彩。红色毛状带藻含有的红色色素较多，所以呈现红色了。

有一次一艘轮船驶过格陵兰，海员们发现海岸上的雪是鲜红的，大家感到很奇怪，于是上岸去看看，一检查才知道那里的雪还是普通的白雪，只是在白雪上覆盖着薄薄的一层鲜红颜色。这层颜色是怎么来的呢？那是由极简单极微小的雪生衣藻、雪生黏球藻造成的。它们小得连肉眼都看不清楚，但颜色鲜红，不怕冷，而且繁殖很快，只要几个小时就能把一大片白雪覆盖起来。

另外，还有一些黄色藻类，如勃氏原皮藻、雪生斜壁藻等，它们细胞中含有大量溶有黄色素的固体脂肪，能把白雪变成黄雪。

在阿尔卑斯山和北极地区，会常遇到绿雪，那是由于绿藻类中的雪生针联藻等大量繁生的结果。1902 年有人在瑞士高山上发现了一种褐雪，据研究，这主要是针线藻造成的。至于黑雪，不过是深色的褐雪罢了。

在雪中生长的藻类叫做冰雪藻或雪生藻类。它们常常出现在南北两极和高山地区，在雪地里大量繁生以后就把积雪"染"成各色彩雪。如果暴风把这些藻类从地面上刮到高空中去，和雪片粘在一起，那就成了一场从天而降的彩雪了。

令人畏惧的日轮花

在南美洲亚马逊河流域那茂密的原始森林和广袤的沼泽地带里，生长着一种令人畏惧的吃人植物叫"日轮花"。日轮花长得十分娇艳，其形状酷似齿轮，故而得名。

日轮花

长得十分娇艳的日轮花，花型类似日轮，有兰花般的诱人香味，叶片有3～4厘米长。如果有人被那细小艳丽的花朵或花香所迷惑，上前采摘时，只要轻轻接触一下，不管是碰到了花还是叶，那些细长的叶子就立即会像鸟爪子一样伸展过来，将人拖倒在潮湿的地上。同时，躲藏在日轮花旁边的大型蜘蛛——黑寡妇蛛，便迅速赶来咬食人体。这种蜘蛛的上腭内有毒腺，能分泌出一种神经性毒蛋白液体，当毒液进入人体，就会致人死亡。尸体就成了黑蜘蛛的食粮。黑蜘蛛吃了人的身体之后，所排出的粪便是日轮花的一种特别养料。

因此，日轮花就潜心尽力地为黑蜘蛛捕猎食物，它们狼狈为奸，凡是有日轮花的地方，必有吃人的黑寡妇蜘蛛。当地的南美洲人，对日轮花十分恐惧，每当看到它就要远远避开。

陆地上最长的植物——白藤

在非洲的热带森林里，生长着参天巨树和奇花异草，也有绊你跌跤的

"鬼索",这就是在大树周围缠绕成无数圈圈的白藤。

白藤也叫省藤,我国云南也有出产。藤椅、藤床、藤篮、藤书架等,都是以白藤为原料加工制成的。

白藤茎干一般很细,只有小酒盅口那般大小,有的还要细些。它的顶部长着一束羽毛状的叶,叶面长尖刺。茎的上部直到茎梢又长又结实,上面长满了又大又尖往下弯的硬刺。它像一根带刺的长鞭,随风摇摆,一碰上大树,就紧紧地攀住树干不放,并很快长出一束又一束新叶。接着它就顺着树干继续往上爬,而下部的叶子则逐渐脱落。白藤爬上大树顶后,还是一个劲地长,可是已经没有什么可以攀缘的了,于是它那越来越长的茎就往下堕,在大树周围缠绕成无数怪圈圈。

白藤从根部到顶部,达300米,比世界上最高的桉树还长1倍。据资料记载,白藤长度的最长纪录竟达400米。陆地上还有比这更长的植物吗?没有了!

修"水牢"囚敌的盔兰

在中美洲的热带丛林里生长着一种名叫盔兰的兰科植物,可以说它利用昆虫传粉的本领是技高一筹。它利用花朵巧妙的设置了一个"水牢",将昆虫囚禁在里面,强迫昆虫为自己当传授花粉的"媒人"。

盔兰是怎样巧设"水牢"的呢?原来,在它的花朵上,有一个像古代武士头盔的唇瓣伸出在前方。这个顶朝下,口朝上,底部还存有一汪清水的"头盔",就是盔兰巧设的"水牢"。它设置得十分精巧,在位于盔底上方的花梗上有2个圆包状的小腺体,从那里,可以不断地分泌出透明的液体,一滴滴落在盔底。奇妙的是,当液体流够6毫米深的时候,腺体就不会再分泌出液体了。然而更为奇妙的是,在盔内液面以上的侧壁上,有一个略向上斜道与外面相通。

清晨的时分,盔兰花绽开以后,成群的长舌花蜂拥挤在花瓣的边沿上刮取花朵上的蜡质。突然,一只蜂被挤进了盔底,身上立刻被液体沾湿,它想爬出来，但是盔壁又太滑，它只好奋力从侧壁上的管道里钻出来。可是，这只长舌花蜂怎么也不会想到，就在它从狭窄的管道里脱身的时候，隐藏在管道出口处的花蕊柱已经在它的背上粘上了花粉块。当它在另一朵盔兰花上跌入"水牢"的时候，从管道脱身时，它背上的花粉块就会被管道顶上的一个小钩钩下来，使盔兰得到来自异花的授粉。

葵花为何向太阳

向日葵是菊科一年生草本，茎直立，圆形而多棱角，质硬被粗毛。叶互生、卵形。它的头状花上，有成百上千朵小花。"花盘"就是聚生着许多管状小花，每朵小花结成一颗果实，整齐地排列着。花盘周围一圈金黄色的舌状小花，又大又鲜艳，但不结果实，唯一的任务是让昆虫能看到它，引诱其前来传送花粉。

金灿灿的葵花每天追逐太阳在打转。早晨，旭日东升，它含笑相迎；中午，太阳高悬头顶，它仰面相向；傍晚，夕阳西下，它转首凝望，向太阳"告别"。它每天跟着太阳转来转去，无怪人们叫它"朝阳花"、"向日葵"、"太阳草"、"转日莲"了。"葵藿倾太阳，物性固莫夺"，杜甫诗说的就是葵花向日转。

那么，葵花为什么能向阳开呢？这里，我们不妨做这样一个实验：把葵花种在温室里，然后用冷光也就是日光灯代替太阳光对花盘进行照射。冷光的方向与太阳光一致：早晨从东方照来，傍晚从西方照来。这时，你会发现无论是早晨和傍晚，葵花的花盘都没转动。如果利用火盆来代替太阳，并把火光遮挡起来，花盘就会一反常态，不分白天黑夜，也不管东西南北，一个劲儿朝着火盆转动。

科学家经过长期的研究和许多实验，才发现了这个秘密。原来，在花盘下面的杆茎中有一种奇妙的"植物生长素"。黎明，旭日东升，杆茎里的生长素溜到背光的一边去，刺激那一面的细胞迅速繁殖，使背光面比向光面生长得快，于是整个花盘朝着太阳弯曲。随着太阳在空中位移，茎里的"植物生长素"，不断背着太阳移动，像同太阳捉迷藏似的。就这样，它每到一处，都要刺激细胞加速生长，因而花盘就朝着太阳打转啦。

近年来，随着内源激素鉴定技术的发展，科学家对向日葵的向光性弯曲又有新发现。原来，在向日葵生长区的两侧除了生长素浓度有差异外，还分析出有较高浓度的叶黄氧化素存在，这是一种脱落酸生物合成过程中的中间产物，是一种抑制细胞生长的物质。实验证明，当向日葵杆茎的一侧受到阳光照射 30 分钟后，叶黄氧化素的浓度，向光的一侧比背光的一侧要高，正好同生长素的浓度相反。科学家认为，向日葵的向光性运动，应该说是生长素与叶黄氧化素共同作用的结果，而叶黄氧化素的作用可能更大些。

由此可见，向日葵花盘的转动并不是由于光线的直接影响，而是由于阳光把花盘中的管状小花晒热了，温度上升使花盘向着太阳转动起来。因而，从这个意义上说，向日葵还可以称为"向热葵"。

庞然大物旅人蕉

地球上已发现的植物大约有 40 余万种，草的种类约占 2/3。我们把这近 30 万种的植物统称草本植物。稻、麦、青菜等都是草本植物。

草本植物给人的印象是体形一般比较矮小，墙隅小草长不及五六厘米，稻子、小麦也仅 1 米上下。但是在草本植物这个大家族里，也有身躯庞大的"金刚"，它叫旅人蕉。这尊"金刚"高达 20 多米，有六七层楼高，是世界上最大的草本植物。

有趣的是，旅人蕉的叶片底部像个大汤匙，里头贮存着大量的清水。这种植物原产于热带沙漠。当旅行者旅行时，随身携带的饮水喝光，燥渴难忍时，若幸运地遇到它，只要折下一叶，就可以痛饮甘美清凉的水。因此，人们给它起名"旅人蕉"。又因为它含水多，所以又叫"水树"。但是实际上它不是树，而是世界上最大的草本植物。

旅人蕉的家乡在非洲的马达加斯加岛，我国海南岛也有栽种。

知识点

世界上最大的花

巨魔芋又称为"尸花",原产于印度尼西亚苏门答腊的热带雨林地区,是世界上最大的花,花朵的直径长 1.5 米,高则将近 3 米。这种植物一般能活 150 年左右,在它的生命期内只开两三次花。

巨魔芋寿命很长,可是开花的时间却很短,顶多数日,然后长出果实后,很快就枯萎,所以很难看到它开花的景象。当花朵凋落后,这株植物就又一次进入了休眠期。

巨魔芋的花不但没有香味,还臭得惊人,闻起来很像腐烂尸体发出的气味,这种气味正是它"传宗接代"的法宝,它能吸引昆虫到自己身上产卵,等幼虫发育成熟,就可以帮自己传播花粉了。

树木如何安然过冬

植物的许多现象是十分引人深思的。例如,同样从地上长出来的植物,为什么有的怕冻,有的不怕冻?更奇怪的是松柏、冬青一类树木,即使在滴水成冰的冬天里,依然苍翠夺目,经受得住严寒的考验。

其实,不仅各式各样的植物抗冻力不同,就是同一株植物,冬天和夏天抗冻力也不一样。北方的梨树,在零下 20 ~ 30℃能平安越冬,可是在春天却抵挡不住微寒的袭击。松树的针叶,冬天能耐零下 30℃严寒,在夏天如果人为地降温到零下 8℃就会冻死。

到底是什么使冬天的树木特别变得抗冻呢?

过去国外一些学者说,植物可能与温血动物一样,本身也会产生热量,它由导热系数低的树皮组织加以保护的缘故。另一些科学家则认为主要是冬天树木组织含水量少,所以在冰点以下也不易引起细胞结冰而死亡。但是,这些解释都难以令人满意。因为现在人们已清楚地知道,树木本身是不会产生热量的,而在冰点以下的树木组织也并非不能冻结。在北方,柳树的枝条、松树的针叶，冬天不是冻得像玻璃那样发脆吗？然而，它们都依然活着。

那么，秘密究竟何在呢？

原来，树木为了适应周围环境的变化，每年都用"沉睡"的妙法来对付冬季的严寒，树木的这个本领很早以前就已经锻炼出来了。

树木要生长就要消耗养分，春夏树木生长快，养分消耗多于积累，因此抗冻力也弱。但是，到了秋天，情形就不同了，这时候白昼温度高，日照强，叶子的光合作用旺盛；而夜间气温低，树木生长缓慢，养分消耗少，积累多，于是树木越来越"胖"，嫩枝变成了木质……逐渐地树木也就有了抵御寒冷的能力。

然而，别看冬天的树木表面上呈现静止的状态，其实它的内部变化却很大。秋天积贮下来的淀粉，这时候转变为糖，有的甚至转变为脂肪，这些都是防寒物质，能保护细胞不易被冻死。如果将组织制成切片，放在显微镜下观察，还可以发现一个有趣的现象：平时一个个彼此相连的细胞间的连接丝都断了，而且细胞壁和原生质也离开了，好像各管各一样。这个肉眼看不见的微小变化，对植物的抗冻力方面起着巨大的作用。当组织结冰时，它就能避免细胞中最重要的部分——原生质不受细胞间结冰而遭到损伤的危险。

可见，树木的"沉睡"和越冬是密切相关的。冬天，树木"睡"得愈深，就愈忍得住低温，愈富于抗冻力；反之，像终年生长而不休眠的柠檬树，抗冻力就弱，即使像上海那样的气候，它也不能露地过冬。

增长奇快的竹与树

有人路过一片茂密的竹林，打算在这儿过一夜，他随手把帽子挂在一株青嫩的竹子尖上。夜里，竹林里不时传来"叭叭"的声音，仿佛是一首催眠曲。第二天，这个人一觉醒来，想接着赶路，却发现帽子被竹子顶得高高的，必须跳起来才能够着。是谁跟他开玩笑，把帽子给抛上去的吗？不是别人，原来是那棵青竹开的玩笑，它长个儿了，一夜之间竟长高了40多厘米，难怪那个人够不着帽子了。而夜里听到的"叭叭"之声，竟是竹子拔节时发出的声音。竹子真不愧是长个儿最快的植物了，有时一昼夜间它就能蹿高1米多，如果耐心地观察，你可以看到竹子像钟表的指针一样移动着向上生长。

自然界里有不少植物都长得很迅速。像树中"巨人"杏仁桉，能长到150米，简直可以和星星交朋友了。它栽种后的第一年就可长五六米，五六年后就已是近20米的巨树了。

海岸边的先锋木麻黄负有抵御台风、防止风沙的任务，为了适应海滩恶劣的环境，木麻黄一边深深扎根，一边迅速长高，如果条件较好，一年就能长高3米。这惊人的长个儿速度，使一些去远海捕捞而数月后才能回来的渔民，居然不敢确认自己的渔村了。是啊，出海时光秃秃的沙滩，现在已成了一片郁郁葱葱的木麻黄的天下。

绿化城市时，人们也爱选用一些速生树种。在我国的北方，白杨树是比较普遍的，它笔直的树干高高伫立，浓密的树荫遮蔽了夏日炎热的阳光。它的生长速度就比较快，七八年就有10多米高，十几年就能用材了。人们称赞它是"5年成椽，10年成檩，15年成柁"。

能用来炒菜的木盐树

在我国黑龙江省与吉林省交界处，有一种六七米高的树，每到夏季，树干就像热得出了汗。"汗水"蒸发后，留下的就是一层白似雪花的盐。人们发现了这个秘密后，就用小刀把盐轻轻地刮下来，拿回家用来炒菜。据说，它的质量可以跟精制食盐一比高低。于是，人们给了它一个恰如其分的称号——木盐树。

树是如何能生产盐的呢？一般植物喜欢生长在含盐少的土壤里。可有些地方的地下水含盐量高，而且部分盐分残留在土壤表层里，每到春旱时节，地里出现一层白花花的碱霜，这就是土壤中的盐结晶出来了。人们把以钠盐为主要成分的土地叫做盐碱地，山东北部和河北东部的平原地区有不少这样的盐碱地。还有滨海地区，因用海水浇地或海水倒灌等原因，也有大片盐碱地。植物能在这样的土壤里生存，的确得有些与众不同之处。否则，根部吸收水分就会发生困难，同时，盐分在体内积存多了也会影响细胞活性，会使植物被"毒"死。

木盐树就是利用"出汗"方式把体内多余盐分排出去的。它的茎叶表面密布着专门排放盐水的盐腺，盐水蒸腾后留下的盐结晶，只有等风吹雨打来去掉了。

瓣鳞花生活在我国甘肃和新疆一带的盐碱地上，它也会把从土壤中吸收到的过量的盐通过分泌盐水的方式排出体外。科学家为研究它的泌盐功能，做了一个小实验，把两株瓣鳞花分别栽在含盐和不含盐的土壤中。结果，无盐土壤中生长的瓣鳞花不流盐水，不产盐；含盐土壤中的瓣鳞花分泌出盐水，能产盐。所以，木盐树和瓣鳞花虽然从土壤中吸收了大量盐分，但能及时把它们排出去，以保证自己不受盐害。新疆还有一种异叶杨，树皮、树杈和树窟窿里有大量白色苏打——碳酸钠，这也是分泌出的盐分，只是不同于食盐罢了。

刀枪不入的神木

在俄罗斯西部的沃罗涅日市郊外，生长着一种独特的树木，当地人把它叫做"神木"。

据说300年前，彼得大帝领导着俄军与土耳其人在亚速海面发生了一场激烈的海战，土耳其人集中所有的大炮对着彼得大帝的指挥舰猛攻，炮弹雨点般落到甲板上。谁知这些炮弹刚碰到船体就弹开，"扑通、扑通"滑入水中，船体一点也没受损，最终俄军大胜。

为什么彼得大帝的军舰不怕炮弹？原来，这条船是用一种被称为"神木"的带刺的橡树木做成的。这种木材紫黑色，看上去平平常常，但它却坚硬似钢铁，不怕海水泡，不怕烈火烧，木匠们用它制作指挥战舰，不知使坏了多少把锔子、凿子、刨子，用了九牛二虎之力才得以完成。这场大海战之后，"神木"便成了俄罗斯的国宝。

后来经过科学家的研究发现，在这些木纤维的外面包裹着一层表皮细胞分泌的半透明胶质，这种胶质含有铜、铬、钴离子以及一些氯化物，遇到空气会迅速变硬。正因为如此，刺橡木才会坚硬如铁，不怕子弹，不怕火烧。

类似于钢铁般坚硬的木头我们国家也有，在云南的西双版纳有一种叫铁刀木的树，它生就一副钢筋铁骨的身躯，刀枪不入，钉子也钉不进去，如果放进水里，它会像铁块那样往下沉。这种树可以代替钢铁充当机器零件，用处可大了。可惜它生长太慢，从幼苗到长大成材，需要好几百年的时间。

小红"灯笼"树上挂

灯笼树是生长在我国中部一带的杜鹃花科的落叶灌木。它只有 2 ~ 6 米高。每当夏日，它的枝端两侧便挂着十几朵肉红色的酷似钟形的花朵，所以又称为吊钟花。

灯笼树的果实在 10 月里成熟，椭圆形，棕色。有趣的是，它的果梗完全向下垂着，而先端弯曲向上，这样结出的果实却是直立的。每逢晴天的夜晚，它就会发出荧光点点，恰似高悬着的千万盏小灯笼，为过往行人照明指路。为什么灯笼树会发光呢？因为灯笼树吸收土壤里的磷质的本领很强，这些磷质分布在树叶上，放出少量磷化氢气体。这些气体燃点低，在空气中能自燃，发出淡蓝色火焰——温度很低的冷光。在晴朗无风的夜晚，这些冷光聚拢起来，恰似山间的一盏盏路灯，灯笼树因此而得名。

灯笼树不仅花果美丽，而且叶子入秋后变为浓红，不是枫叶，却胜似枫叶，因此是极有前途的园林观赏树木。

在自然界中，能发光的植物并不多，除了我国的灯笼树外，还有生长在非洲的夜光树，其他大部分都是海洋植物。现在人类受灯笼树发光机制的启发并运用科学技术，已经可以复制出这种会发光的自然奇观了。由于植物具有生态适应性以及胁迫可诱导性，人们采用循序渐进的方法，对植物进行生理的适应性诱导，根据植物在临界环境压力下可实现自身生理潜能的诱导原理，采用浸泡或静电喷雾的方法，使植株表面充分而均匀地吸收，附着荧光素便可以达到良好的物理发光效果。

有趣的光棍树

在非洲的东部或南部，有一种奇异有趣的树。这种树无论春夏秋冬，总是秃秃的，全树上下看不到一片绿叶，只有许多绿色的圆棍状肉质枝条。根据它的奇特形态，人们给它起了个十分形象的名字叫"光棍树"。

众所周知，叶子是绿色植物制造养分的重要器官。在这个"绿色工厂"里，叶子中的叶绿素在阳光的作用下，将叶面吸收的二氧化碳和根部输送来的水分，加工成植物生长需要的各种养分。如果没有这个奇妙的"加工厂"，绝大多数绿色植物就难以生长存活。既然是这样，那为什么光棍树不长叶子呢？它靠什么来制造养分、维持生存呢？要想揭开这个谜，我们还是先来看看它的故乡的生活环境吧。

光棍树原产东非和南非。那里的气候炎热、干旱缺雨，蒸发量十分大。在这样严酷的自然条件下，为适应环境生存下去，原来有叶子的光棍树，经过长期的进化，叶子越来越小，而后逐渐消失，终于变成今天这副怪模样。光棍树没有了叶子，就可以减少体内水分的蒸发，避免了被旱死的危险。虽然没有绿叶，但光棍树的枝条里含有大量的叶绿素，能代替叶子进行光合作用，制造出供植物生长的养分，这样它就得以生存了。但是，如果把光棍树种植在温暖潮湿的地方，它不仅会很容易地繁殖生长，而且还可能会长出一些小叶片呢！这也是为适应湿润环境，生长出一些小叶片，可以增加水分的蒸发量，从而达到保持体内的水分平衡。

光棍树属大戟科灌木，高可达4～9米，因它的枝条碧绿、光滑，有光泽，所以人们又称它为绿玉树或绿珊瑚。光棍树的白色乳汁有剧毒，观赏或栽培时需特别小心，千万不能让乳汁进入人的口、耳、眼、鼻或伤口中。但这种有毒的乳汁却能抵抗病毒和害虫的侵袭，从而起到保护树体的作用。另据实验表明，光棍树乳汁中碳氢化合物的含量很高，是很有希望的石油植物。

像光棍树这样的木本植物世界上还有几种，如木麻黄、梭梭和假叶树，也是同光棍树一样的光有枝而无叶的树。

神奇的"魔床树"

在南美洲亚马逊河地区的森林里有一种灌木，它枝叶茂密，好似一张奇特的"床"，人们称它为"魔床树"。这种树在夜间能挥发出一种特殊的气味，不但对人有催眠作用，而且还能驱赶蛇、狼等动物。因此，人们睡在"魔床"上，入睡快，不用担心蚊虫叮咬，更无需害怕蛇、狼、熊等动物来袭击。到了白天，这种树又能散发出另一种清香气味，人们闻了后会神清气爽，有益于消除疲劳。所以在"魔床"上睡眠，当黎明到来时不用别人叫唤，便会自己醒来；如果是白天，尽管你已经是十分疲惫，但是躺在上面无论如何是睡不着的。魔床还十分照顾小孩子，正在哭啼的孩子被妈妈抱上魔床之后便不再哭闹了，变得十分安静。

喀麦隆东北部的巴莫镇周围的丛林中，生长着80多棵可以醉人的树木。这种树的树身低矮，树叶茂密，花开时节，树枝上会开满散发着浓郁芳香的黄瓣小花。人们一旦闻到这种香味，便会迷迷糊糊地进入梦乡。经考察发现，这种树的叶子、花瓣和果实都会释放具有麻醉作用的香素，人连续闻上几分钟，就会酣然入睡。

不可小觑的微生物

BUKE XIAOQU DE WEISHENGWU

微生物是包括细菌、病毒、真菌、原生动物等在内的一大类生物群体，它们一般个体微小，却与人类生活关系密切，涵盖了有益或有害的众多种类，广泛涉及健康、食品、医药、工农业、环保等诸多领域。

微生物有五大共性：体积小，面积大；吸收多，转化快；生长旺，繁殖快；适应强，易变异；分布广，种类多。

微生物能导致传染病的流行。在人类疾病中有50%是由病毒引起，世界卫生组织公布资料显示：传染病的发病率和病死率在所有疾病中占据第一位。但微生物也有有益的一面，弗莱明从青霉菌抑制其他细菌的生长中发现了青霉素，后来大量的抗生素从放线菌等的代谢产物中筛选出来，抗生素的使用在第二次世界大战中挽救了无数人的生命。

微生物中有些是腐败性的，即引起食品气味和组织结构发生不良变化，但有些微生物是有益的，它们可用来生产如奶酪、面包、泡菜、啤酒和葡萄酒。

我们发现的微生物已经很多，但实际上由于技术手段的限制，人类现今发现的微生物还只占自然界中存在的微生物的极少一部分。

能存活 10 万年的细菌

　　一项研究指出，微生细菌的生命力很顽强，它们能够在冰雪层以下 3 千米处存活 10 万年。同时，这项研究也暗示着太阳系中一些有冰层覆盖的遥远星体上有可能存在着生命迹象。

　　在此之前，科学家们曾在南极洲冰层以下 4 千米处发现存活着的细菌，此外，2005 年研究人员在美国阿拉斯加州一个冰冻的池塘中发现 3.2 万年前处于睡眠状态的细菌。美国加利福尼亚大学物理学家布福德·普瑞斯和他的学生罗伯特·罗德，发现了微生细菌的一种生理机制，从而解释了细菌如何幸免于极端寒冷恶劣的生存环境。

　　他们指出，一种由液体水形式构成的微型薄膜自然地依附于细菌周围，氧气、氢气、甲烷和其他气体都可从周围的气泡散播到薄膜之中，为细菌提供足够的食物来源维持生命。事实上，在这种环境下任何细菌都可以存活于固体冰雪中，抵抗 –55℃ 和 300 个大气压。在这种恶劣生存环境下，细菌虽然不能够生长和繁殖，但它们仍能够修复任何分子损伤，维持生命，达 10 万年之久。罗德说："这种极端恶劣环境中的生命体不是我们通常所想的那些生命，它们只是维持生命未死状态，期望着冰层能够尽快融化。"

　　对这一假设理论进行测试，普瑞斯和罗德在南极和格陵兰岛不同深度冰原的冰层样本进行了研究分析，他们探测发现能够隔离生存的细菌必须存在于冰晶体内部。

　　普瑞斯指出，这项最新的研究将支持火星存在生命这一假想，当火星上的甲烷冰层暴露在太阳光下会很快地分解。2004 年科学家对火星大气进行勘测时，猜测甲烷可能会生成微生细菌或产烷生物，并可能不断地进行繁殖。他在接受《新科学家》杂志记者采访时说："很有可能火星地表以下存在着产烷生物，在此之前我和同事们在格陵兰岛冰层数千米之下发现了产烷生物。"

　　美国蒙大拿州大学的约翰·普瑞斯库在接受《新科学家》杂志记者采访时认同这项研究，他说："这是一项支持微生物在恶劣环境生存的另一种理论，有可能在未来我们将探测到太阳系某个冰冻星体上存在着微生物细菌。"

"嗜睡症"的元凶

在非洲的维多利亚湖畔，曾流行过一种奇怪的病——嗜睡症。患者的症状表现为全身发热，整天昏睡不醒，最后极度衰竭而死亡。这种"嗜睡病"流行速度非常快，在非洲的一些村镇曾夺去了数十万人的生命。后来人们研究才发现这种"嗜睡症"的传布者是一种微小的原生动物——锥虫和一种叫舌蝇的昆虫。

锥虫长约15～25微米，身体非常小，外形像柳叶，寄生在动物的血液中。它有两个寄主，一个是舌蝇，一个是人。感染上嗜睡病锥虫的舌蝇，通过叮咬人体，锥虫经体表进入人体血液中，锥虫从人的血液中吸取营养而继续长大，当它发育到一定程度时，将沿着人的循环系统侵入脑脊髓，使人发生昏睡，因此这种锥虫又叫睡病虫。

锥虫和舌蝇一类吸血昆虫不仅在非洲传布"嗜睡症"，也在世界其他别的地区传播各种疾病。在中国，锥虫与牛蟒、厩蝇传布一种危害马、牛和骆驼的疾病，使这些牲畜消瘦、浮肿发热，甚至有时会突然死亡。

锥虫名声极为不佳，它寄生在各种脊椎动物中，从鱼类、两栖类到鸟类、哺乳类的马、牛，甚至人，都有锥虫的寄生，它甚至用不着与舌蝇之类的昆虫合作，便可直接感染各类寄主，但愿这种"害群之虫"早日被人类征服，断绝这类疾病的传染途径。

生活中常见的嗜睡症

嗜睡症是一种神经功能性疾病，通常发生在15～30岁的年龄段，但也有的人出现嗜睡现象的时间比较早或比较晚。嗜睡症很难彻底根除，男人和女人受影响的程度一样，一旦出现可能会伴随终生。它能引起不可抑制性睡眠的发生。这些睡眠阶段会经常发生，且发生的时间多不合时宜，例如当说话、吃饭或驾车时。尽管睡眠可以发生在任何时间，但最常发生的是在不活动或单调、重复性活动阶段，当发生在从事活动的时间段，就会有发生危险的可能性。

嗜睡症很难确诊，它的最初症状通常是白天时感到很严重的睡意，有很多原因都能引起白天睡意过多这种症状，所以通常需要好几年才能确诊病人的确患有这种疾病。不过，嗜睡症可以通过对典型阶段进行的发生过程和对多层次睡眠潜伏测试时通宵的睡眠研究结果诊断出来。

引发疟疾的孢子虫

孢子虫不是寄生在植物体内，就是寄生在动物体内，决没有在自然界独立生活的孢子虫。虽然它们寄生范围很广，在蚕、蜂、鱼类、牲畜乃至人类体内，但从来不危害人类和其他动物的健康，因此和人类关系十分密切。它们裹在孢子之内，才能混到自然界，由孢子传至其他生物，这是孢子虫生活史中的一环。

读过《三国演义》的人，没人不佩服诸葛亮聪明多智，运筹帷幄，决战千里，立于不败之地。但在七擒孟获、大显雄风之际，大批士兵，倒毙于泸水之滨，这是受害于瘴气。当时瘴气流行于我国云、贵等处，是恶性疟原虫蔓延所致。其他的疟原虫，即三日两头（间日）的疟疾，死亡率比较低，虽不算瘴气，但是损害身心，丧失劳动力，害处也是很大。疟原虫潜伏在患者的红血球内，吸取血球养料为生，当滋长变成变形虫状时，会自行分裂繁殖。它不像草履虫一分为二，而是有一分二十之多，所以繁殖要比草履虫快几十倍，在短短时期内，可繁殖得极多。无性繁殖每经 48 小时一次，当疟原虫多分裂一次，穿破血球时，毒汁即散入血中，引起人们发寒、发热一次。无性繁殖持续一定时期之后，其中一部分，即转入有性生殖时期，形成大、小配子细胞。此时如有疟蚊（一般蚊子不能养活疟原虫）来吸血入胃中，便把蚊子胃中当作"洞房"，雌雄配子进行配合。受精卵能移动，穿越胃壁，在胃壁外侧形成孢子囊，囊中分裂成许许多多孢子虫，至少有几千条，钻出囊壁，闯入唾液腺中，等候时机。它们不需结成孢子，孢子虫可由蚊吸血时，直接注射到健康的人体中。过一会儿，又开始无性生殖环节，变成定时发作的疟疾。这样，无性继之有性，有性又转入无性的轮流繁殖，这与较为高等的腔肠动物的世代交替生殖，十分相似。因此，为了防止疟疾的蔓延，最根本的措施是消灭疟蚊，中断疟原虫的生命循环。患了疟疾，当请医服药，是不难根除的。

疟疾的防治

疟疾是经按蚊（Anopheles）叮咬而感染疟原虫所引起的虫媒传染病。临床以周期性寒战、发热、头痛、出汗和贫血、脾肿大为特征。儿童发病率高，大都于夏秋季节流行。

按蚊吸入疟疾病人的血，再叮咬健康的人时，就会把它唾液中的疟原虫带进健康人的血液，使健康人发病。因此，防止疟疾要抓住积极治疗传染源（病人），彻底灭按蚊和搞好个人防护这三个基本环节：（1）积极治疗传染源。常用的药物主要有羟基哌喹、乙胺嘧啶、磷酸咯啶等。另外常山、青蒿、柴胡等中药治疟的效果也很好。（2）彻底消灭按蚊。主要措施是搞好环境卫生，包括清除污水，改革稻田灌溉法，发展池塘、稻田养鱼业，室内、畜棚经常喷洒杀蚊药等。（3）搞好个人防护。包括搞好个人卫生，夏天不在室外露宿，睡觉时最好要挂蚊帐；白天外出，要在身体裸露部分涂些避蚊油膏等，以避免蚊虫叮咬。

动植物的合体鞭毛虫

鞭毛虫是一类点状的原生质，带着一条或几条鞭毛，靠着鞭毛摆动，在淡水、海水和湿土壤中，都有它们生活的痕迹，分布之广，可以想象。此外，还有一些鞭毛虫钻入植物或动物体内，过着寄生的生活。这些寄生鞭毛虫，损害鱼类及牲畜，间接危害人类，有的甚至会直接致命。

在我国和印度，常流行一种黑热病，这是一种叫利什曼原虫造成的。利什曼原虫最初在白蛉子肠中寄生，可用鞭毛在宿主消化道中运动，但一经传到人的身体内，则钻进脾脏及血管巨细胞中寄生。在一个细胞内，可容纳十几个，体积最小，失去鞭毛，变成圆形小点，却可以剥夺人的营养，危害性很大，能引起贫血、脾脏

鞭毛虫

膨大、发热等病症，甚至有性命的危险。在我国，此病只流行于黄淮平原。从前有几十万人得此疾病，现在采取以预防为主、治疗为辅的方针，已基本消灭。在非洲有一种锥虫，由吸血蝇传布。如果在人体内寄生，鞭毛虫就在血中繁殖，分泌毒汁，麻醉大脑，使人处于昏迷状态，状如睡眠，故名睡眠病。但是这一觉睡去，就再也不会醒来，最终与世长别，因此是一种十分可怕的疾病。

有趣的是，鞭毛虫既是动物、又似植物，因此在它的分类地位上出现一个大难题。某些身负色素的个体，邻近植物界的鞭毛藻，便有人算做植物，称为黄藻、裸藻、甲藻，但动物学家则称其为金黄滴虫、眼虫、腰鞭毛虫。事实上，它们究竟是动物还是植物，很难下一句断语。认为它们属于动物的，有四点理由：第一，能自发或自动活动；第二，有灵敏感觉；第三，身体各部分工明显；第四，有感觉器官（眼、触手等）。如果说，有眼能活动，反应灵敏的，都叫动物，那么，能说动物是自立营养，能不依靠其他物质而生吗？换句话说，能进行光合作用、变无机物为复杂的有机物吗？因此只能说，它们是属于临界的生物。

知识点

双基因的海蛞蝓

像鞭毛虫一样，既是动物，又是植物，具有动植物双重基因的，已被科学家发现的还有海蛞蝓。海蛞蝓以海藻为食，身体呈亮绿色，生长在新英格兰和加拿大的盐水沼泽中，是能产生植物叶绿素的动物。海蛞蝓之所以会具有这种原本专属于植物的功能，一种可能是，通过进食藻类，"窃取"到这一能力。当海藻在海蛞蝓体内消化时，它的关键基因和叶绿体一起被摄入细胞。然后，这些基因被融入海蛞蝓自己的基因，从而生成必要的蛋白质，让叶绿体继续工作。另一种解释是，海蛞蝓体内的病毒把藻类体内的微小细胞——叶绿体也传递给了海蛞蝓，然后通过绿叶体进行光合作用，将太阳光转化为生存所需要的能量，而无需进食便能够制造出含能分子。由于具有了动物和植物的双重基因，所以海蛞蝓就具有了这种将太阳光转化成能量的本领。

草履虫的多种生殖方式

提取一杯腐殖质多的淡水，置于透光处或适当的背景中看过去，用肉眼就可以见到许多细细的白点在蜿蜒蠕动，这就是草履虫。但如果要看清楚它们的细微结构，则必须要放到显微镜下去观察。草履虫被西方人称之为"拖鞋小动物"，而在中国人看来，它更像是中国式的草鞋。不过，草鞋是前端尖、后端钝，而草履虫则恰恰相反，前端钝，后端尖，所以准确地说，草履虫更像是一只倒置的草鞋。那么，草履虫身上，能告诉我们一些什么奥秘呢？

草履虫的生殖方式是多种多样的，可分无性、接合、内合、自配、质配等等，一时难以说清。因此，我们可以只谈它的无性繁殖和有性繁殖。其中无性生殖最为简单，草履虫的身体中部横缢，一分为二，一次生殖只增加1倍，但每日分裂2次，一日就多了4倍，繁殖之速，可以想见。而草履虫的接合生殖，就表示有性的意义。当需要接合时，口沟侧发生黏液，当两只草履虫相遇后，一触即合，它们相抱游泳，竟像一对情侣在跳舞一般。事实上，这时草履虫内部的细胞核在进行着一系列的变化。它的大核不参加生殖大典，只有小核，成为像高等动物的配子成熟、配子形成，终究变成一个像大配子，另一个像小配子。大的似卵，小的似精子。小的一个，虽然没有鞭毛，也能慢慢移动，通过这个两虫之间临时沟通的原生质桥，各到对方，跟大的一个融合，混成一体。就形式而论，这就好像高等动物的性交、受精过程一样，结合成一个的结果，也好像是受精卵一般。这就是草履虫接合生殖的一套变化。草履虫接合的任务既毕，即拆断鹊桥，各分西东，自过生活。殊不知它们的生殖程序尚未终止。合核还有一套似高等动物卵裂、胚胎发生的变化，内中分成4大核和4小核，再经过二次体分裂，变成4个子体，各具大、小核1个。两个接合体，产生8个，就像出胎的幼仔，由幼而壮，都可长大发育为成体，这岂不和高等动物的有性生殖，有惟妙惟肖之处？

至于草履虫其他的生殖方法，这里便不再一一推敲。内合生殖是不经接合，体内小核变化，产生一个像合核，实际不是合核，是像高等动物的孤雌生殖。自配生殖是小核在体内分化成1个大核和1个小核，不经接合，在体内自己配合。质配生殖虽是经过接合，并未交换核质，仍属自体"受精"。这些，都说明草履虫的生殖法，比高等动物还多，这对于它们确保子孙的繁衍昌盛，具有非常深远的意义。

锌污染的克星

有一种细菌可以使溶解的锌形成硫化锌晶体，从而更有效地去除地下水和湿地中的矿业废物，被污染的水经过这种细菌处理后，可以达到饮用水标准。

这种细菌是由出售水中呼吸器的伊波特女士发现的。为寻找一个潜水的好去处，也想趁机为一家博物馆寻找一些矿业标本，她来到美国威斯康星州坦尼森市，那里有不少矿业公司开采后留下的地下隧道，不少隧道中积了很深的水。伊波特女士在一个积水隧道发现，在一个像橄榄球场那么大的地方，地上有成团成团的黏黏的细菌，当人在水中移动时，细菌团就浮起来。

她担心这种细菌对人体有害，便告诉了威斯康星大学的班非尔德博士。班非尔德博士对这些细菌很感兴趣，开始和伊波特女士合作，采集这种细菌。

班非尔德博士发现，一种褐色的生物膜中的锌含量，比周围地下水体中的锌浓度高 100 万倍。形成褐色生物膜的这种特殊细菌，属于"脱硫细菌"一族。以这些菌为核心，形成了很多微小的"球状物"，直径最长大约 1×10^{-8} 米。这些"球状物"几乎完全由纯硫化锌组成，此外，还有极微量的砷和砷化物。

硫化锌是闪锌矿的主要成分。这种细菌具有自然生成硫化物的能力，是这种细菌将溶解的锌沉淀的。

这个发现可能适用于污水处理。虽然利用细菌清理矿业酸水不是一个新概念，但是，研究坦尼森矿井里的细菌，可以帮助发展更好的污水处理方法。

这种细菌还可能帮助解开地球化学上的一个谜：在地质史上，有不少锌矿是在低温条件下形成的。

还有人发现了形成低温闪锌矿的细菌，和伊波特女士发现的细菌，属于同一个种群。

许多硫还原细菌生存在完全缺氧的环境中，但是，也有些种类生存在稍微通风的地方。对硫化锌沉积作用最大的细菌正是这样，这些细菌生存在有少量氧气的地方。

地球大气中的氧气，是在漫长的地质时期逐渐积累起来的。莱布尼兹博士认为，当大气中的氧气浓度还很低时，这些细菌可能帮助了闪锌矿的形成。他的模型表明，即使地下水中的锌含量低到 1×10^{-6}，这些细菌也能生成闪锌矿。

能作燃料的粉红粘帚菌

科学家在南美洲发现一种罕见菌类，将植物肥料分解合成一种碳氢化合物，其功效和柴油非常相似。专家表示，这种菌类将有望在解决世界能源短缺和减少环境污染的问题中发挥重大作用。

这种真菌名叫粉红粘帚菌，生长在巴塔哥尼亚的热带雨林中，它能够将植物纤维素直接转变成生物燃料——自然地分解产生碳氢化合物，其成分和应用于车辆中的柴油等燃料非常相似。专家认为，这种真菌将是一种潜在的绿色的能源。

负责该项研究的美国蒙大拿州大学教授格里，经常在阿根廷和智利边境的巴塔哥尼亚热带雨林中研究新奇的菌类。格里教授表示："我们对这

粉红粘帚菌

种真菌分解出的化合物进行了测试，发现全是碳氢化合物及其衍生物，这个结果是此前没有预料到的。如果这种菌类被用来生产燃料，将能省去现在生产制作燃料过程中的一些环节。当然，现阶段还需要通过进一步的实验证实可行性。"

格里教授表示，这种真菌有双倍的价值，因为它含有独特的基因，能生产出将纤维素分解成柴油气体的酶。从理论上说，当把它嫁接到其他生物体中时，这些真菌将更加活跃，能更加有效地生产柴油。

食汞的假单孢杆菌

20 世纪 50 年代初，日本水俣地区有人得了一种奇怪的病。患者开始感到手脚麻木，接着听觉、视觉逐步衰退，最后神经失常，身体像弓一样弯曲变形，惨叫而死。当时谁也搞不清这是什么病，就按地名把它称为"水俣病"。

经过医学工作者几年的努力，终于揭开了这怪病之谜：原来是当地工厂排出的含汞废水污染了水俣湾，使那里的鱼虾含汞量大大增加，人吃了这些鱼虾后，汞也随之进入体内，当汞在人体内的含量积累到一定程度，就会严重地破坏人的大脑和神经系统，产生可怕的中毒症状，直到致人死命。

汞化合物是一种极难对付的污染物，人们曾试图用物理的方法和化学的方法来制服它，但效果都不大理想，最后还是请来了神通广大的微生物。

在微生物王国里，有一批专吃汞的勇士，一种名叫假单孢杆菌的，就是一员骁将。它们到了含汞的废水中，不但安然无恙，而且还能把汞吃到菌体，经过体内的一套特殊的酶系统，把汞离子转化成金属汞，这样，既能达到污水净化的目的，人们还可以想办法把它们体内的金属汞回收利用，一举两得。

当今世界，随着工业的迅速发展，城市人口的高度集中，大量的工业废水和生活污水倾泻到江河湖海中，各种各样的污染物，使美丽的自然环境受到严重的损害。而微生物王国中有不少成员，如为数众多的细菌、酵母菌、霉菌和一些原生动物，事实上早已充当着净化污水的尖兵。它们把形形色色的污染物，"吃进"肚子里，通过各种酶系统的作用，有的污染物被氧化成简单的无机物，同时放出能量，供微生物生命活动的需要；有的污染物被转化、吸收，成为微生物生长繁殖所需要的营养物。正是经过它们的辛勤劳动，大量的有毒物质被清除了，又脏又臭的污水变清了。有的还能变废为宝，从污水中回收出贵重的工业原料；有的又能化害为利，把有害的污水变成可以灌溉农田的肥源。

嗜铁锈微生物

它们食入铁锈，清理污染的下水道，并同时产生电能，这些微小的生物中可能包含着原始生命的线索。自从神奇的泥土细菌被发现以来，这个微生物家族带给了我们许多惊奇。

研究提出，如果有一些必需的原料，比如硫酸盐、沼气等，一些微生物可以在无氧环境下生存，因此，专家推测，这些微生物也可能利用铁来生存。因此，从 1987 年起，Lovley 开始研究泥浆里的微生物，并最终从里面发现了这种"吃"金属的细菌。他从美国华盛顿州附近波托马克河中挖取富含金属的泥浆，回到实验室后，在试管里加入泥浆，放进一些醋酸盐——微生物最喜欢的食物——然后观察。最后，他注意到微小的黑色的矿物质聚集于试管的底部，存在于毛茸茸的红色的氧化铁（即铁锈）的包围当中。如果把磁石放在试管的一边，所有的铁质小片都流向磁石的那一边。这些黑色的矿物质就是磁铁矿。

这种可以降解铁锈的泥土菌，通过向铁传递电子而获得生存的能量。在这个过程中，它们把铁锈变成了磁铁矿。这种生物的代谢方式是独一无二的，它们利用食物中的金属来获得能量，就像人类利用氧气一样。磁铁矿在200万年前是地球上储存的主要磁性矿物，因此，Lovley 推测这种微生物可能是早期磁铁矿产生的主要来源。

后来 Lovley 发现了这个细菌家族超过 30 多种类型，并且测出了一些基因序列。他还测出了这个细菌家族中一种更加神奇的细菌的基因，这种细菌能够产生电能，并且可以净化被铀污染的下水道。

"不要小瞧微生物世界的能力。"科学家们相信，自 1987 年 Lovley 的发现以来，这一系列泥浆细菌家族的发现以及其他可降解金属的细菌被不断发现，是通向一个全新、具有独特生物代谢方式的微生物世界的开始。

"我们越来越明确地看到，这些微生物在地球的微生物总量中占有很大的比例，他们是维护地球环境和生态进步的巨大推动力量。"

自从嗜金属的泥土菌被发现以来，Lovley 和他的同事们就在设想利用这种特殊的微生物来保护地下水，解决水污染的问题。因此，科学家们呼吁人们保护这些神奇的嗜铁锈微生物。

妙不可言的人体
MIAOBUKEYAN DE RENTI

人体表面是皮肤。皮肤下面有肌肉和骨骼。在头部和躯干部，由皮肤、肌肉和骨骼围成为两个大的腔：颅腔和体腔。颅腔和脊柱里的椎管相通。颅腔内有脑，与椎管中的脊髓相连。体腔又由膈分为上下两个腔：上面的叫胸腔，内有心、肺等器官；下面的叫腹腔，腹腔的最下部叫盆腔，腹腔内有胃、肠、肝、肾等器官，盆腔内有膀胱和直肠，女性还有卵巢、子宫等器官。

人体结构的基本单位是细胞。细胞可分为三部分：细胞膜、细胞质和细胞核。细胞膜主要由蛋白质、脂类和糖类构成，有保护细胞，维持细胞内部的稳定性，控制细胞内外的物质交换的作用。细胞质是细胞新陈代谢的中心，主要由水、蛋白质、核糖核酸、酶、电解质等组成。细胞质中还悬浮有各种细胞器。主要的细胞器有线粒体、内质网、溶酶体、中心体等。细胞核由核膜围成，其内有核仁和染色质。染色质含有核酸和蛋白质。核酸是控制生物遗传的物质。

以上是关于人体的一些科学性的分析，其实在我们生活的世界上，还有许多不可思议的奇人，在他们身上发生了许多令人费解而有趣的现象，常常超出我们的知识范围和理解力，使我们感到无比神奇，引起我们探究的兴趣。

留在身上的海洋印记

生命的起源问题是当今世界上最热门的研究课题之一。许多学者认为，生命起源于海洋，不然，在人身上为何能找到如此多的海洋印记呢？

解剖科学家发现了一个惊人的现象：人的胚胎在早期也有过鳃裂。这说明人类与鱼类一样，也是起源于水中，虽然在漫长的进化过程中鳃被逐渐退化了，但仍在人的胚胎早期留下了鳃的痕迹。

科学地说，包括人类在内的所有脊椎动物，也都和鱼类一样，在胚胎的早期，在头后部咽腔有着开向左右的裂隙——鳃裂。不同的是，鱼类和两栖类的蝌蚪时期，鳃裂发育成为呼吸水流的通道，而爬行类、鸟类、哺乳类以及人类的鳃裂，出现不久后便从胚胎消失。

科学家研究分析后发现，对于生命来说，水比阳光更重要。我们人体的内部就是一个奇妙的海洋。成年人分布在各种组织直至骨骼中的水液达70%~85%，而且海水和人血溶解的氯、钠、氨、钾等化学元素的相对含量百分比也惊人地接近。这绝不是偶然的巧合，而是人身上的海洋印记。

生命科学家经过多次研究还发现，婴儿能像鱼儿一样，本能地会潜水和游泳，这也为人类的远祖来自海洋提供了另一个佐证。

人身上的另一个重要的海洋印记则是人的生命离不开水。人体中所有的生命活动，无论是消化作用、血液循环，还是物质交换与组织合成等一系列活动，全是在有水的参与下在水溶液中完成的。这与海洋又是何等的相似。如此看来，人身上的海洋印记，可称为是一部内容丰富的生物进化教科书。

能发生自燃的人

关于人体自燃现象的最早记载见于17世纪的医学报告，时至今日，有关的文献更是层出不穷，记载也更为详尽。那么，什么是人体自燃呢？人体自燃就是指一个人的身体未与外界火种接触而自动着火燃烧。

1949 年 12 月 15 日，美国新罕布什尔州一个 53 岁、名叫科特里斯的妇女在家中被烧死了。曼彻斯特警方在调查中发现，那具已经不像人形的可怖尸体躺在房间的地板上，可是房间内的物体却没有遭到丝毫破坏，而且壁炉也未曾使用过，甚至在其他地方也找不到火种。美联社报道说："该妇人在燃烧时一定像个火球，但是火焰却没有烧着她家里的任何木料。"这事令人惊诧。

1951 年美国佛罗里达州圣彼得堡的利泽太太被人发现在房中化为灰烬，房子也是丝毫未受损坏。在这个案件中，调查人员使用各种现代科学方法，以确定这一神秘意外的来龙去脉。可是，虽然有联邦调查局、纵火案专家、消防局官员和病理专家通力合作研究，历时 1 年仍然没有把事件弄清楚。

在发生事故的现场除了椅子和旁边的茶几外，其余家具并没有严重的损毁，可是在屋内却出现了一种奇怪的现象：天花板、窗帘和离地 1.2 米以上的墙壁，铺满一层气味难闻的油烟，在 1.2 米以下的墙壁却没有。椅子旁边墙上的油漆被烘得有点发黄，但椅子摆放处的地毯却没有烧穿。此外，在 3 米外的一面挂墙镜可能因为热力影响而破裂；在 3.6 米外梳妆台上的两根蜡烛已经熔化了，但烛芯依然留在烛台上没有损坏；位于墙壁 1.2 米以上的塑料插座也已熔化，但保险丝没有烧断，电流仍然畅通，以至于护壁板的电源插座没有受到破坏。与一只熔化了的插座连接的电钟已经停摆，上面的时间刚好指在 4 点 20 分。当电钟与护壁板上完好的插座连接时，仍然可继续走动。附近的一些易燃物品如一张桌子上的报纸以及台布、窗帘，都全部安好无损。

在世界其他地区亦有像利泽太太这样人体自燃的事例，而且自燃的形式多种多样，有些人只是受到轻微的灼伤，另一些则化为灰烬，更令人不可思议的是，受害人所睡的床、所坐的椅子，甚至所穿的衣服，有时候竟然没有烧毁。更有甚者，有些人虽然全身烧焦，但一只脚、一条腿或一些指头却依然完好无损。在法国巴黎，一个嗜好烈酒的妇人在一天晚上睡觉时自燃而死，整个身体只有她的头部和手指头遗留下来，其余部分均烧成灰烬。

在以前发生过的人体自燃事件中，男女受害人的数目比例大致相同，年龄从婴儿到 114 岁的老人都有，其中很多是瘦弱的。他们有的人是在火源附近自燃，有的人却是在驾车或是毫无火源的地方行走时莫名其妙地着火自燃的。

但是，时至今日，现代科学界和医学界都否定人体自燃的说法。有人虽然曾经提出一些理论，但是一直没有合理的生理学论据足以说明人体如何自燃甚至于化为灰烬，因为如果要把人体的骨髓和组织全部烧毁，只有在温度超过 1 650℃的高压火葬场才有此可能。那么，至于烧焦了的尸体上尚存有未损坏的衣物或者是一些皮肉完整的残肤就更令人觉得有些神秘莫测了。

没有痛感的人

安徽省休宁县有一名叫金晨的女孩子，她的身高、体重、体形及智力上同一般的孩子没有区别。但是，她全身对疼痛没有丝毫反应，不管是刺、刀割，还是骨折，她都毫无知觉，是一个当今世界上少有的无痛感的人。

这个孩子生下来时，并没有什么异常，家中人也不知道她没有什么痛感，在她长出牙齿以后，母亲发现她的嘴里经常流血，但由于她没有什么反应，也就没有引起大人们的注意。直到她3岁的时候，有一次生病打针，长长的针一次又一次地扎进她那细嫩的肉中，她不但不哭，而且嬉笑如常，没有表现出任何不适的感觉，这才引起了医务人员的注意。难道这孩子没有痛觉吗？医生产生了这种怀疑后，便用针刺她的不同部位，或者冷不防给以扭捏和挤压等刺激，她都毫无痛感的反应。事实证明小金晨是个没有痛感的人。

由于这个孩子没有痛感，随着她活动量的增大，发生的事故也就接连不断，造成了她身体上的一些残伤。一次，她把在火上烤着的面粿抓起来就吃，嘴烫得起了血泡，手指头也烫烂了，可是她根本没有疼痛的表现，这次受伤使她的右手指头掉了一截。还有一次，冬天她在屋里烤火时，脚被火灼破，脚趾血肉模糊，要不是家人发现得及时，还不知道要烤掉几个脚趾呢！又有一次，她和小伙伴们作罗汉游戏时，不幸从大孩子身上跌落下来，摔折了臂膀，因为没有痛感，膀子虽然不能动弹了，却悬着膀子玩了一天。小金晨的踝骨不知在什么时候被砸碎了，等家长发现她的两只脚不一样时，早已变形自愈。

她的这种没有痛感的特性，是先天的，还是后天的？是遗传的，还是某种变异？金晨的父母带她到本地的医院、杭州和上海的几家大医院都看过，医生们的讲法各各不同。女孩的父母身体健康，父母亲的家族也没有异常的人，而且她的两个同胞姐姐都是正常的人，出现她这样的"变异"实在奇怪。据她母亲讲，在怀这个孩子时，曾吃过不少药，是否与此有关？还待专家们去探索和解答。

疼痛是怎么回事

医学所谓的疼痛，是一种复杂的生理心理活动，是临床上最常见的症状之一。它包括伤害性刺激作用于机体所引起的痛感觉，以及机体对伤害性刺激的痛反应。

作为伤害性感受器的全身皮肤和有关组织中分化程度最低的游离神经末梢，将各种能量形式的伤害性刺激转换成一定编码形式的神经冲动，沿着慢传导的直径较细的有髓鞘和最细的无髓鞘传入神经纤维，经背根神经节传到脊髓后角或三叉神经脊束核中的有关神经元，再经由对侧的腹外侧索传至较高级的疼痛中枢——丘脑、其他脑区以及大脑皮质，引起疼痛的感觉和反应。

痛觉可作为机体受到伤害的一种警告，引起机体一系列防御性保护反应，对人是很有益处的，一个人如果没有痛觉，那会是一件危险的事。

揭开人体冷光的奥秘

人体会发光吗？乍一听，这似乎是一件不可思议的事。实际上每个人每时每刻都在发光，只是这种光太微弱了，人们无法看见它。由于人体光不发热，故名"冷光"。

冷光是生命活动的重要信息。不同的机体有着不同的发光强度，身体强壮的人，发光强度较强，体弱有病的人，发光强度则较弱；体力劳动者或喜欢运动的人，其发光强度较强，而脑力劳动者，则通常发光较弱；据科学家测定，青壮年人的发光强度比老年人要强一倍，而老年人与少年人相比，则发光强度相差不多。

人体表面微弱的发光，有一定的规律可循：就同一个人而言，一般手指尖的发光最强，手指尖所发的光比手虎口强，而虎口的光比手心强，手心的光又比手背强，人体上肢的发光比下肢强等等。

人体的冷光也与人的生理状态和体内器官有着内在的联系。如人在疲劳时发光就较弱，而在休息充分精力充沛时发光就较强。如果人体注射或服用一些高能量的药物，其体表的冷光就会明显升高。这表明人体光与生命活动中的能量代谢有密切关系，对此深入研究，就打开了探索人体内部器官、神经系统、经络血脉等方面的窗口。健康人的体表左右两侧相应部位的冷光强度是对称的，处于平衡状态，而一旦生病，便会出现一个至几个与疾病有关的特有的发光不对称点（或叫病理发光信息点）。所以只要检查人体体表各个发光信息点的发光是否对称，就可以诊断是否有病。再确定这个发光不对称信息点出现的部位，就可以诊断得的是什么病了。例如肾炎病的发光不对称点出现在涌泉穴部位，肝炎患者的发光不对称点出现在足趾的大敷穴上。

大脑是如何分工协作的

古埃及人首先发现了这样一个事实：大脑分为 2 个半球，左半球支配人体的右侧，右半球支配人体的左侧，大脑受伤会使它支配的那部分身体产生功能障碍。

1836 年，法国人马克·达克斯指出，右侧瘫痪的病人常常丧失说话的能力，而左侧瘫痪的人却能正常说话。他因此得出结论，大脑的左半球不仅支配人体的右侧，还支配着人说话的功能。这个假说后来得到了证实，研究表明，90%的人语言中枢位于大脑的左半球。

大脑的两个半球具有不同的功能。左半球不仅是语言中枢，还能从事分析性的工作，例如逻辑推理、数学运算和写作等；右半球善于处理空间概念和识别面孔、图案、曲调、色彩，还擅长创造性的活动。左半球倾向于按顺序处理信息，右半球却习惯同时处理信息。

大脑两个半球的上述分工说明，为什么右半球损伤，人会丧失音乐能力，而左半球受损的病人难以说话，却仍能唱歌。也许还能说明，为什么许多艺术大师（达·芬奇、米开朗琪罗、毕加索等）都习惯使用左手——由于右半球的形象思维和观察能力较强，因此用右半球支配的左手绘画有一定的优势。

人们常常认为，逻辑思维和分析能力比感性认识更为重要，反映在教育上就是把注意力集中在"读、写、算"这些大脑左半球的功能上。有一所美国的小学让学生用一半时间学习艺术，用另一半时间学习科学，结果学生的科学课程的成绩明显提高。这表明，花时间发展大脑右半球的功能也有助于改善左半球的功能。实际上，只有大脑的两个半球完美配合，才能产生最有效率的创造性活动。

因此，必须加强两个半球的联系。语言学习中充分发挥大脑功能的一种方法是快速阅读。逐字逐句的缓慢阅读是大脑左半球的功能，而快速阅读是大脑右半球的功能，快速阅读获得的信息是从整体上被理解的，这样就能提高对文字的理解程度。换句话说，如果你发现一篇文章很难理解，你就应该读得更快一些。

使右半球发挥作用的另一种语言学习方法是在学习语言时辅以音乐伴奏。据说这种方法可以将记忆的效率提高 10 倍。

宇宙间最复杂的物体是人的大脑，科学发展至今仍未全部明了。但有些情况已被掌握。如耳朵的鼓膜接受声波，由听神经传递生物电给大脑的听觉中枢，生物电的数值代表声音大小，生物电的频率代表音调（在可接受的音频下，频率大 1 倍音调高 8 度），生物电的谐波成分组成音色。眼睛的视网膜接受光波，由视神经传递生物电给大脑视觉中枢，生物电的数值为亮度，生物电的频率为颜色（在可见光范围内）等等。

知识点

古大脑和新大脑

大脑主要包括左、右大脑半球。大脑也可分为古大脑和新大脑。古大脑是大脑的中心部分，相当于现在所说的大脑髓质部分和脊髓神经，是生命中枢所在地，是人类没有成为人类以前就存在的大脑；新大脑是人类大脑的边缘部分，相当于大脑皮质部分，它在地球上至少产生了500万年，虽然这期间其变化非常大，但它一直按照古大脑的某些特征在变，也就是说它是古大脑的一种功能上的扩大。新大脑是人类之所以成为高智商人类的原因所在。古大脑依靠生物钟的母钟而发挥功能，新大脑依靠刺激发挥功能，但是它们又可相互影响，新大脑可以使古大脑产生功能变化，比如心跳和呼吸加快等等；古大脑也可使新大脑发育和功能受阻，比如天生的痴呆儿。

神秘的第六感

人类的感觉在生理上分为视觉、听觉、嗅觉、味觉和触觉5种。后来，科学家们又发现人和动物除了这5种感觉外还有第六种感觉。

英国科学家发现，一位全盲的男子居然还能识别他人脸上的表情。科研人员对这名52岁的全盲男子进行了实验。他的世界一片黑暗，无法辨别动作、颜色、形状和亮光，但他的眼睛仍能接受光信号，并可将光信号转换成电信号传输到大脑。

有趣的是，当研究人员向他展示200张印有一系列不同人物面部表情的图片时，他居然能辨别出这些不同表情，而且正确率达59%，这比随机猜测的几率大多了。这说明尽管他的大脑视觉皮层被破坏，无法感知正常视觉，但负责感知情感的大脑部位仍然发挥功能。依此推测，人的大脑可能存在与已知视觉、听觉、嗅觉、味觉和触觉五种感觉机理不同的感觉功能，感知情感可能是第六感觉的一种表现形式。

同样，在动物世界中也普遍存在第六感觉。动物的第六感是指它们对外激素的感觉。外激素是由动物分泌的化学物质，用于影响同种动物的行为。科学家通过实验证实，老鼠借助免疫系统中的"主要异质兼容复合体分子（MHC）"对同类动物进行基因鉴别，从而获得了第六感觉。

人们常做的 12 种梦

在美国波士顿举行的国际科学大会上，国际梦境研究协会副主席帕加菲尔德教授公布了她花费了近半个世纪的时间所取得的一项研究成果。加菲尔德认为，无论是贫是富、是贵是贱，人们的梦境其实都相差无几，成十亿计的人们无论是在噩梦中还是美梦中所见到的情景几乎都一样，其内容主要分以下 12 种——

1. 被追击

当做噩梦时总有某种可怕的东西在追击我们——野兽、暴行或怪物。它们总是试图抓捕、吃掉或杀害我们。

而在做美梦的时，你可能就会是在追别人——也许是在追自家的邻居，也许是在追电影明星。到后来你可能会追上他（她）与之拥抱，甚至还可能做爱。

2. 受伤

有人向你开枪，你受伤了；你想还击，但枪却怎么也不好使；有人要杀害你或你的亲人；你在梦中痛哭流涕；甚至你的牙齿还从嘴里掉出来了。

有时候情况会好点，你大病初愈获得新生，或者你成功地报复了别人。

3. 遇险

你会梦见你的爱车（轮船或飞机）失灵了，你坐在上面疾驰着，狂踩着刹车，可就是停不下来，在这种情况下美梦很少出现。

4. 丢失重要物品

你丢失的东西对你来说非常重要，也许是护照、贵重的戒指、票据，或者是房子失火、倒塌。有时候，我们还在梦中想不起来把汽车停在哪了。

这种情况下的美梦是，你得到了值钱的东西，或许是一套住宅或一辆汽车。

5. 考试

你好像又回到学校参加考试，但试题却答不上来。另一个场景是登台演唱，却哑然失声……

另一种场景则是你在这些场合都取得了巨大的成功。

6. 高空坠落

你梦见自己从悬崖上掉下来，被巨浪压在下面，被激流卷入大海。

在美梦中你会感觉到自己翱翔在天空，或者感觉到自己摆脱了地球的引力。

7. 出丑

你梦见自己在大庭广众之下部分或完全赤身着裸体，甚至是赤脚走到了街上。

如果是做美梦就是衣服突然找到了，或者是穿着华丽的衣服正在臭美。

8. 迟到

你梦见自己在往车站狂奔、可火车（汽车或其他交通工具）已经开走了。

而美梦中你会梦见赶上了火车，非常地高兴和轻松。

9. 电话断线

有时候你会梦见在与死去的亲人通电话，但电话却突然断线了。

情况好的话，你会梦见听到死去的亲人的声音，梦醒后你却将他（她）的话忘得一干二净。

10. 灾难

你梦见自己亲眼看到飞机失事，或者是目睹其他令人恐惧的灾难，甚至是地震或火山喷发。

而美梦中你会梦见自己来到一个仙境，但却不知道这是什么地方。

11. 迷路

你梦见自己在一个陌生的城市迷路了，你需要在那儿找到什么东西，但没有找到；或者你不能走路了，腿脚如棉花般无力；或者是你陷入泥土里拼命挣扎，但最终仍摆脱不了；或许你不会再逃跑了，就像瘫痪了一样。

而在美梦中，你会在自己的家中发现多了新的房间或是发现新东西。

12. 死人

这种梦难以分出好坏来。人们有时在梦中会遇到死去的亲人，梦醒后，人们宁愿相信死去的亲人的确会从另外一个世界来看望自己。

人为什么会做梦

梦产生的根源其实就是大脑的活动，人们的大脑在清醒时，能对外界刺激作出反应。到了晚上，人们进入睡眠状态，这时的大部分时间里，脑波、眼球运动等和觉醒时的状态一样，只有身体肌肉处于抑制状态。这时候，白天经历过、见过或想过的事情就会再现在我们梦里。睡觉时，外界的刺激会使大脑作出不正确的反应，从而做各种怪诞的梦。另外，体内各器官的刺激和病理变化会引起梦中出现类似的情景，如大小便急了，便会梦见到处找不到厕所等等。

做梦是一种生理现象。正常的做梦，不会影响健康，但如果经常做噩梦或怪梦而影响了睡眠，则应该去看医生，进行及时的治疗。

总之，正常的梦境活动，是保证机体正常活力的重要因素，也是协调人体心理平衡的一种方式。

皮肤是细菌的"家"

皮肤是人体最大的器官。美国微生物学家利用全新分子技术对人类皮肤进行研究后发现，人类皮肤上存活着182种细菌，其中一些只是短暂寄居，而有些则在皮肤上安营扎寨、长期居住。

纽约大学医学院博士马丁·布莱泽介绍说，研究人员已经在人类皮肤上确认的182种不同的细菌，共分为91类，其中大约8%的细菌之前从未被发现过。基于这一数据，布莱泽推断人类皮肤上大概存活有250种以上的细菌。

研究发现，人类皮肤中的细菌种类随着时间变化而有所不同。有些细菌常年存活在人的皮肤上，约占总数的54.4%，它们主要分为葡萄球菌、链球菌、丙酸菌和棒状杆菌4类。其余的细菌则都是短期寄居在人类皮肤上。

研究人员还发现，一些细菌如放射线杆菌等，还与其宿主的性别有关。已被确认的182种细菌中就有3种只存活在男性研究对象的皮肤上。

布莱泽说，人们不必对这一研究结论大惊小怪，也不必感到害怕。细菌是地球上最早出现的单细胞微生物之一，虽然有些细菌会导致疾病，但是也有一些细菌对人体有益。

实际上，细菌长期以来一直存活在人体中，已经成为了人体的一部分。没有细菌，人体也无法正常新陈代谢。它们在人体内可以起到促进消化等有益作用。布莱泽补充说，很多细菌都对人体起到保护作用，所以他不建议人们总是清洗自己的身体，因为那是在洗掉人体的一层"保护伞"。

具有 17 重人格的姑娘

如果你的周围，有一个人，有 17 个名字、17 种不同的装扮、17 种不同的发式、17 种不同的声调和面孔、17 种不同的性格、17 种不同的生活，你会有怎样的感觉？你一定会感到非常惊异和迷惑。你首先的反应可能是不相信，这太超乎我们的想象了。这能是真的吗？可是，这恰恰就是纪实体的心理分析小说《人格裂变的姑娘》中主人公西碧尔的现实。这部小说除了人名是假的，其他事实几乎都是真实、未加修饰的。她就是存在着 17 种不同的装扮、声调、面孔、性格和生活的活生生的人。心理学上，把这种一个人具有多种人格的现象，称作"多重人格"。

你可能会问：人的性格本身就很复杂，很多人终生都无法真正了解自己的性格或人格，如果一个人有好几个、好几重人格，人岂不更复杂了吗？如果一个人有好几重人格的话，遇到紧要关头，该听哪个人格发出的指令呢？会不会出现严重的混乱呢？多重人格人格有什么危害呢？很多人觉得自己的性格中有好多矛盾的侧面，这样的情况，是不是多重人格呢？为什么会出现多重人格这种奇妙现象呢？下面，我们就循着大家的疑问，逐层解剖，揭开多重人格的秘密。

其实，纯粹的多重人格现象是非常罕见的，迄今为止，世界上见诸报道的，还不足 50 例，而我国只有一些双重或多重人格的正式报道。其实多重人格是一种非常严重的心理疾病。美国精神病大词典对于多重人格的定义是这样的："一个人具有 2 个以上的、相对独特的并相互分开的亚人格，是为多重人格。这是一种癔症性的分离性心理障碍。"多重人格的基本特征是，虽然同一个体具有 2 种或更多完全不同的人格，但在某一时间，只有其中之一明显。每种人格都是完整的，有自己的记忆、行为、偏好，可以与单一的病前人格完全对立。多重人格可以有双重、三重、四重人格，最多的可以达到 17 重人格。其中以双重人格相对多见，通常其中一种占优势，但两种人格都不进入另一方的记忆，几乎意识不到另一方的存在。从一种人格向另一种的转变，开始时通常很突然，与创伤性事件密切相关；其后，一般仅在遇到巨大的或应激性事件，或接受放松、催眠或发泄等治疗时，才发生转换。

会梦游的人

一般人以为梦游症是一种不自然、怪诞不可思议的现象。生活中，梦游患者表现的一些特征，确实使周围的人们感到惊奇，有时甚至感到恐怖。梦游患者会突然产生一种令人难以相信的巨大力量，在面对危难时，完全没有恐惧或不安的样子，可以完成相当困难的动作，而到第二天早晨醒来时，对于前一天夜间的事情却忘得一干二净。

在这些关于梦游的普通观念中，人们总是把事实和幻想混淆起来。患梦游症的人在夜间起身时，的确常常表现出一种少有的力量和技巧，清醒的时候，的确也记不起在梦游中所做的事情。但有一点可以共识，梦游者不容易被声音和光线所惊醒。造成这种奇特现象的原因有很多，心理研究者将之归纳为下述 3 大类：

第一类：梦游症常常和沉重的疾病（例如癫痫）同时发生。患梦游症的儿童后来往往会产生一种沉重的精神压力。这种儿童身上，梦游症时常会与其他一些症状同时发生，使成人知道儿童在自身发展中明显的异常行为。在这种情形之下，儿童应该马上接受治疗。

第二类：有一类梦游大都是身心健全的常态人中发生的特殊现象，它有明显的遗传特性。20 世纪 80 年代初，慕尼黑有一位哲学教授患梦游症，他的行为表现由专家作了十几年的详细观察。这位大学教授生于一个患梦游症的家庭，后来又与一个近亲表姐结婚。因此，他们夫妇二人和三个孩子都患梦游症。一开始，他们对于做出的一些反常行为，自己完全不晓得。在成家后的第七个年头，一次全家五人同坐在餐桌边，二女儿突然推倒整个餐桌，还把餐室的一面镜子敲破，发出巨大的声响，他们突然从梦中惊醒，才晓得他们都患梦游症，于是赶快找医生诊治。

第三类：这一类梦游症的患者最多，表现形式得到广泛的研究。这种人除了有一般精神病的倾向外，完全没有什么疾病的症候。他们患的不是精神病，而是心病，他们的性格有些不稳定、不协调的因素。他们是神经过敏，很容易被感动到痛哭或大笑，喜欢把自己当做是一切事物的中心，容易趋于极端。这种意志不定、游移动摇的人，他们的心境几乎无时无刻不在变化着。当要实现某种目的时，他们很难用理智恰当地调和自身欲望，他们整个有机体往往完全服从于强有力的欲望，甚至是在睡眠中也受到这种欲望的支配。他们会在梦中站立起来，向他们幻想中的目标直接走去，而不注意周围的一切。要唤醒一个梦游症者，比唤醒一个普通的睡眠者更加困难，其原因便在这里。他们整个身心只集中在一件事情——就是实现他们的欲望。他们完全被这个巨大原动力所控制。这一欲望似乎独立起来，与他们的日常生活不存在任何联系，所以，夜间所碰到的事情不在记忆之中。

令梦游者清醒的有效方法是让身体接触冷水。对一般人产生作用的声音和光线，常常不能使梦游者清醒过来。有一个男人梦游，他的妻子用了许多办法，都无法将他唤醒。后来她想出一个妙计，每夜把一盆冷水摆在丈夫梦中下床的地方，这个方法成功了好几次，她的丈夫能够被冷水弄醒。可是过了不久，他要梦中起身的时候，却会避开那盆冷水，从床的另一边下去。这是不足为奇的：他心中强烈的欲望迫使他避开一切阻碍，向唯一的目标前进。患梦游症的儿童明显比成人多，这也可用上述心理的解释来说明。特别是一些在清醒时未显现出来的潜意识下的消极心理，像孤独无依、恐惧或妒忌等，都会使儿童在熟睡时产生一种亲近父母的愿望。当儿童失掉家人或保姆时，他（她）觉得受到他人的忽视，从而要求得到更多成人付出的温存和抚爱。当儿童在梦中自由行动时，他是要实现心中那种强烈的愿望。随着儿童逐渐成长，这种梦游症常常自己消失了。梦游症的现象在过去是被世人误解的，它受一层神秘和恐怖的帷幕罩着。上面这些根据科学观念的解释，应该将这些误解消除了吧。我们由此可以知道人类机体内有许多心灵上的深层溪流，比富于幻想的小说更神秘、更紧张、更动人。

不可思议的奇异人种

龙虾族：

在博茨瓦纳境内弗朗西斯敦市以北64千米的一个山谷中，距离津巴布韦和博茨瓦纳边境线仅2千米左右，遍地盖着非常原始的小泥屋，大约100个两脚趾人就平静地生活在这里。

他们不仅脚趾分成2瓣，一双手的手指也长得很奇特。左手有2个大拇指，第一个拇指向骨节处歪过去，第二个和第三个手指是蹼指（即两个手指中间有蹼状物），而右手只剩下大拇指。他们的脚非常有柔韧度，很灵活。

道尔森是一位曾经在津巴布韦的哈拉雷国家档案馆工作过的编年史编撰者，从一次在津巴布韦西南部郊游时偶然发现两脚趾人起，他就一直对他们产生浓厚的兴趣。于是他有计划地访问了16个两脚趾人，并把他们前7代的历史都搜集整理起来。

道尔森认为：这种变异现象，首先是由迁徙和通婚造成的。若干年前，一位有两脚趾血统的年轻妇女从其他地方来到了西南津巴布韦，当她与当地的土著结婚之后，她的两脚趾基因就开始起作用，让她的部分后代成为两脚趾人。如果在正常的风俗下，津巴布韦土著只和其他部落的人通婚，这样就会使生成两脚趾人的概率减少。可是，由于该地区稀疏的人口，两脚趾人不得不和同部落的人结合，这就使两脚趾基因继续繁衍下去。

道尔森假定的这第一位妇女从何而来呢？尽管不能证实，他却充分地假设了这位妇女来自莫桑比克的赞比西河谷。原因是目前其他地方对两脚趾人的真实报道非常少，而在莫桑比克，大量翔实的资料证明了两脚趾人的存在。

尽管两脚趾人对自己怪异的肢体抱着平常心，但还是引起了世界医学界的高度重视。南非约翰内斯堡的威特沃特斯兰医科大学解剖系主任菲利浦·蒂比阿斯教授，经过长期的观察和临床研究，终于向人们揭开了两脚趾人的谜底。

原来，这种变化既不是神灵的惩罚，也不是自然的选择，而是一种变异性疾病，在医学上称为"龙虾脚爪综合征"。这种病的个别案例在世界各地都有记录，唯独在非洲这个部落，这种病变成了一种普遍现象。

菲利浦教授说："这是一种简单的显性基因造成的遗传变异。携带基因的本体不会发生变异，而父母中要有一方携带这种基因，就会在下一代的身上造成遗传变异。在受这种基因控制的胎儿的孕育期中，具体说是在非常早的胚胎形成时期，这种显性的等位基因就开始干扰了四肢分裂的普通形式，于是在四肢刚刚开始分裂时就形成了不是5个而是2个脚趾。"

对于赞比西河谷的大量两脚趾人的存在，菲利浦教授解释说，那是在部落内部选择结婚对象的直接结果。因为这种显性基因如果只发生在一对或几对夫妇中，很可能由于下几代的再次选择而消亡。而像赞比西河谷这样大的基因变异群体，除了部落内部通婚范围大别无其他原因。

绿色人：

绿色人主要生活在非洲，他们全身的颜色像草一样翠绿。连血液也是绿色的。这种人现在只有3 000多人，至今还过着穴居的原始生活。

蓝色人：

科学家在智利发现了一种全身呈蓝色的人。这些蓝色人世世代代生活在海拔6千米的高山上。由于终年积雪，气温始终在零下45～50℃，为了获得足够的氧气保持正常的体温抵御寒冷，人体内不得不大量合成血红素。过量的血红素充斥在大大小小的血管中，使这种人的皮肤呈蓝色。

黑白人：

遗传学家在印度尼西亚与世隔绝的偏僻森林中，发现了一个奇异的"鸳鸯人"部落。居住在那里的人，头部像白人，而身体却是不折不扣的黑人。

有尾巴的人：

这种人生活在我国西藏和印度阿萨密之间的巴里柏力地区，他们至今还拖着一条没有完全退化的猩红色尾巴。

图皮人：

在厄瓜多尔境内亚马逊河森林地区的土人，男女老幼皆赤身裸体，除面部外，全身都用绿色液汁画成红色花，故称图皮人。他们两眼外突，像卷尾猴的眼睛一般，手脚似蛙脚，趾间有短蹼，还没有完全进化。主要以生吃活鱼和野菜为生。

人体数字知多少

绵延数十亿千米的遗传序列、60 万亿个细胞的神秘组合，构成了不可思议的人体，也使得每个人都与众不同。如果从微观的角度去衡量人体，你能得到许多有趣的数字……

假定一个人的寿命是 70 年，体重 65 千克，那么他的一生中，体内会有800 多万亿个放射性原子蜕变成其他原子，但你丝毫不必担心这些放射性反应对身体有什么不良的影响，因为人一生中所放射出的原子蜕变的数量仅仅是人体 10 个细胞中所含原子的数量，而人体中每个细胞平均就有 90 万亿个原子。

成年人的皮肤大约重 2.7 千克，并且每时每刻都会有大量的皮肤颗粒脱落，人一生中会蜕掉大约 4 000 亿个皮肤颗粒，重达 48 千克，相当于换了 18 层皮。成年人皮肤的面积有 1.8 平方米，而附着在皮肤表面的细菌有 1 000 万亿个。

在人的一生中，总共要呼吸大约 5 亿次，吸入的空气有 350 多万立方米，也就是 350 多艘万吨级客轮的容积。

人的鼻子只能分辩 2 000 多种气味，但眼睛却可以区别出 800 万种颜色。有趣的是 1 000 位女性中会有 1 个是色盲，而男性则高达 70 个！

人体中最奇妙的器官是大脑，它是智慧的发祥地、行动的指挥部，但相对于其他器官而言，人类目前对大脑的认识是最薄弱的。

科学家认为大脑活动的主要方式是化学反应，在 1 秒钟内，大脑会发生10 万种不同的化学反应，这些反应产生了思维、情绪和控制身体动作的指令。

在大脑的皮层上约有 10 亿个沟洄，把这些沟洄铺展开，面积也只有普通餐桌那么大。在大脑中有 100 多亿个神经细胞，理论上每天能记录 8 600 万条信息，根据神经学家的测量，人脑的神经细胞回路比目前全世界的电话网络复杂 1 400 多倍。

大脑的活动需要消耗很多能量，这些能量主要靠流经大脑的血液来提供。人的心脏一生大约跳动 30 亿次，向大脑输送的血液有 2 500 多亿毫升，是身体血液总量的 5 000 万倍，足足可以盛满一个标准的游泳池。

一生中大脑所消耗的能量如果转换成电能，可以持续点亮一只 20 瓦的灯泡，也就是你活多久，这灯就能亮多久。

人类生存所需的能量归根结底来源于食物，人一生要吃掉大约 50 吨重的食物，其重量是人自身体重的 700 多倍。这些食物足足可以装满一节标准的火车货运车厢。都知道人体是个小火炉，一生中释放出来的能量可以把 400 吨的冷水烧到沸腾。

人体是一个神奇而又复杂的自然结构，自然界中的大多数化学元素在人体中都能找到。比如，人体中碳元素的含量相当于 12 千克的焦炭，磷的含量可以制造出 2 000 多根火柴，石灰可供粉刷一个房间，铁的含量可以打出 1 根三四厘米的铁钉，人体中除了铁以外还含有 60 多克的其他金属物质。

人体中的化学成分有着十分奇妙的搭配，缺了哪样都会使身体的某项功能失常，难怪健康专家一再强调人必须多吃五谷杂粮。

现代科学使我们对人体的认知有了长足的进步，但是人类对自身的了解还处在非常初级的阶段，许多谜团还有待我们去破解。人类要透彻地了解自身，还有很长的路要走。

能调节血压的屁

有研究表明，屁中含有的一种臭鸡蛋味气体能够控制实验鼠的血压。

我们对这种名为"硫化氢"的气体的恶心气味相当熟悉，因为它来自人体结肠中的细菌，并被最终排出体外。

研究发现，实验鼠血管壁上的细胞也能利用自然方法制造出硫化氢，而且这一过程会松弛血管，有助于实验鼠的血压保持在较低水平，因此能预防高血压。研究人员说，人体血管细胞"毫无疑问"也能制造出硫化氢。

研究报告的撰稿人之一、美国约翰斯·霍普金斯大学的神经学家所罗门·H·斯奈德说："既然我们理解了硫化氢在调节血压方面的作用，那我们就可能研制出促进硫化氢生成的药物，以此作为现有高血压治疗方法的补充。"

硫化氢是科学家最新发现的一种气体信号分子。我们体内的此类微小分子发挥着重要的生理功能。

由于气体信号分子普遍存在于进化链上的各种哺乳动物体内，因此有关硫化氢重要作用的研究成果就可能被广泛应用于糖尿病、神经退行性疾病等人类疾病的治疗。

知识点

打嗝是怎么回事

人体除了经常要放屁外，也经常发生打嗝的现象，这是怎么回事呢？

引起打嗝的原因可以分为非器质性和器质性两类。非器质性打嗝是因受凉、吞咽过急、暴饮后，或吸入空气（如边吃饭边说话）、婴幼儿哺乳后吞气等发生，大多可自行缓解。器质性打嗝因某些疾病（如心血管疾病、肺部疾病等）或手术后而引起则属器质性因素所致，甚至预后严重。

我们可以从时间上及睡时发生的情形作简易的自我判断，如打嗝的发生未超过24小时，称为暂时性打嗝；高于或等于24小时，称为顽固性打嗝，后者多为器质性打嗝。若睡后打嗝停止者多为非器质性，反之，若入睡后依然打嗝不断者多为器质性。

平常偶尔打嗝，可以用力深呼吸几口；或屏住闭气十几、数十秒钟；或者弯腰、抬头、伸脖子，喝下一大杯水都可以止住打嗝。